全国电力行业"十四五"规划教材

U0159095

电工电子技术
实验与训练

主　编　钱　欣

副主编　雷鹏娟

编　写　陈健升

主　审　曹登场

中国电力出版社
CHINA ELECTRIC POWER PRESS

内 容 提 要

本书共四部分，第一部分为常用电工基础知识，包括常用电工元件、常用电工仪器仪表、电工工具及安全用电，第二部分为电工技术实验，第三部分为电子技术实验，第四部分为附录。其中电工技术实验和电子技术实验两部分可以进行开发性实验和职业技能训练。

本书可供应用型本科、高职高专、成人高等教育、民办职业教育电工、电力、信息、自动化、机械、化工类专业学生作为实验教材使用，也可以作为工程技术人员、电工电子维修人员的参考资料。

图书在版编目（CIP）数据

电工电子技术实验与训练/钱欣主编.—北京：中国电力出版社，2022.2（2024.5重印）
ISBN 978-7-5198-6294-7

Ⅰ.①电…　Ⅱ.①钱…　Ⅲ.①电工技术—实验—高等学校—教学参考资料②电子技术—实验—高等学校—教学参考资料　Ⅳ.①TM-33②TN-33

中国版本图书馆 CIP 数据核字（2022）第 014032 号

出版发行：中国电力出版社
地　　　址：北京市东城区北京站西街 19 号（邮政编码 100005）
网　　　址：http://www.cepp.sgcc.com.cn
责任编辑：罗晓莉（010-63412547）
责任校对：黄　蓓　朱丽芳
装帧设计：赵姗杉
责任印制：吴　迪

印　　　刷：北京锦鸿盛世印刷科技有限公司
版　　　次：2022 年 2 月第一版
印　　　次：2024 年 5 月北京第五次印刷
开　　　本：787 毫米×1092 毫米　16 开本
印　　　张：9.5
字　　　数：236 千字
定　　　价：28.00 元

前　言

　　本书立足于工程技术的应用，在内容的选取和设计上删繁就简、削枝强干、突出主线、强化重点，做到既为学生后续课程服务，又直接服务于工程技术应用能力的培养。本书出版之前，相应的初稿已在承德石油高等专科学校试用，取得了良好的教学效果，在此过程中，也征求了各位教师和学生的修改意见，为本书的正式出版奠定了一定的基础。

　　本教材可供应用型本科、职业本科、高等工程专科、高等职业技术学院、成人高等学校等电气、电子、通信、自动化以及部分非电类工科各专业电工电子实验教学使用，一般作为《电工基础》《电工技术》《电工电子学》课程的实验教材。

　　本书内容的设计坚持以学生为主体、以能力为本位、把提高学生职业知识学习和技能培养放在首位，在教学中以掌握概念、强化应用为重点，注重理论联系实际，而不过分强调学科体系的完整性与推导论证的缜密性。

　　本书以电工电子技术最基本的四部分内容：电工技术、电机及拖动、电子技术、安全用电为主体。第一部分介绍常用电工元件、电工工具、常用电工仪器仪表、安全用电基本知识；第二部分为电工技术理论性验证实验和应用型实验与训练；第三部分为电子类理论验证实验和部分典型设计扩展类电子实验；第四部分附录为实验台的相关介绍和常用芯片介绍。通过本教材的学习，学生可以了解常用电工元件、电工仪表和实用电工技术的知识，通过实验验证可以提高职业技能，为从事电类专业工作打下基础。

　　本书的改革方案和教材编写大纲由承德石油高等专科学校钱欣起草。第一部分由承德石油高等专科学校钱欣编写，第二部分实验一～六和附录由承德石油高等专科学校雷鹏娟编写，第二部分实验七～十六和第三部分由承德石油高等专科学校陈建升编写。全书由钱欣和雷鹏娟统稿、修改和定稿，曹登场老师负责实验验证和教材审定工作。

　　本教材中的所有实验均在石家庄捷赛电子科技有限公司生产的电工电子实验台上进行过多次验证，公司技术人员提出了很多宝贵意见，在这里特别提出感谢。

　　本书受编者学识水平和教学经验的限制，错误和疏漏之处在所难免，恳请广大读者提出宝贵意见。

编者

2021 年 10 月

目　录

第一部分　常用电工基础知识

第1章　常用电工元件

第1节　电阻元件

电阻元件是用来模拟电路中消耗电能这一物理现象的理想二端元件。电阻元件用字母R(r)表示，具有一定阻值的实体元件被称为电阻器。它的特点是对低频交流电和直流电的阻碍作用大小相同，由于它在电路中要消耗一定的功率，故属于耗能元件。它一般用作负载、分压器、分流器，以及用来调节电路中某一点的工作电流，与电容器一块起滤波作用等。电阻的单位是欧姆（Ω），常用单位还有千欧（kΩ）和兆欧（MΩ）。

1.1.1　电阻元件的参数及标注方法

元件的特性及质量由其参数来表征，在选用元件时应参考其参数系列数据，电阻器的主要参数有标称阻值与容许误差、额定功率和温度系数。

1. 标称阻值与容许误差

电流流过电阻时，电阻对电流产生阻碍作用，衡量阻碍作用大小的物理量即电阻值。但这里应注意，电阻的阻值有一定系列值，并不是所有的阻值的电阻都有，生产者按国家标准生产系列电阻，使用者按国家标准选用电阻。在设计选用电阻时，应参阅国家标准手册选用系列规定值，此值即标称阻值。若设计阻值不是标称阻值，则应使用标称阻值中最接近设计阻值的电阻或采用多个标称电阻组合的形式来代替设计电阻。常用标称阻值系列如表1.1.1所示。（其中系列数值乘以10的幂即为标称阻值）

表 1.1.1　　　　　　　　　常用电阻器的标称阻值系列

容许误差	系列代号	系列值
$\pm5\%$	E24	1.0　1.1　1.2　1.3　1.5　1.6　1.8　2.0　2.2　2.4　2.7　3.0 3.3　3.6　3.9　4.3　4.7　5.1　5.6　6.2　6.8　7.5　8.2　9.1
$\pm10\%$	E12	1.0　1.2　1.5　1.8　2.2　2.7　3.3　3.9　4.7　5.6　6.8　8.2
$\pm20\%$	E6	1.0　1.5　2.2　3.3　4.7　6.8

电阻的阻值在制作中，不可能做到绝对准确，于是又用容许误差等级来表示阻值精度情况，具体规定见表1.1.2。

表 1.1.2　　　　　　　　　电阻误差等级

容许误差	$\pm0.5\%$	$\pm1\%$	$\pm5\%$	$\pm10\%$	$\pm20\%$
等级	0.05	0.01	I	II	III

为使用方便，电阻上标有阻值和容许误差，常用标注方法有两种。

（1）直接标注法。将电阻的阻值及误差范围直接用数字印在电阻上，对小于 1000Ω 的阻值只标数不标单位，对 kΩ、MΩ 只标注 k、M，误差等级只标 Ⅰ 级（5%）或 Ⅱ 级，对 Ⅲ 级不标明。如图 1.1.1 所示，该电阻阻值为 5.1kΩ，误差为 ±5%。

（2）色环标注法。体积较小的一些电阻器，其阻值和误差常以色环标注。如图 1.1.2 所示，在电阻上有四道色环。每道色环有不同含义。

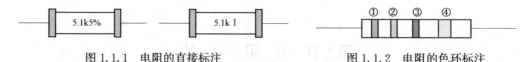

图 1.1.1　电阻的直接标注　　　　　图 1.1.2　电阻的色环标注

其中第①②两道色环分别表示两位有效数字。第③环表示应乘 10 的次方数，第④环表示阻值的允许误差。表 1.1.3 列出了色环所表示的数字和允许误差。

表 1.1.3　　　　　　　　　　色环所表示的数字和允许误差

色环	棕	红	橙	黄	绿	蓝	紫	灰	白	黑	金	银	本色
对应数值和误差	1	2	3	4	5	6	7	8	9	0	±5%	±10%	±20%

例如：四环电阻①—黄色 ②—紫色 ③—红色 ④—金色，其阻值 $47 \times 10^2 \pm 5\%$ 即 $4.7k\Omega \pm 5\%$。

目前由于一些精密电阻的出现，表示方法又出现五环、六环电阻色环表示法，以五环阻值表示法为例说明其标注方法。

五环电阻是在四环电阻基础上多了一位有效数字，且乘以 10 的次方数的范围亦扩大了，其误差等级亦划分得更细。如图 1.1.3 所示。

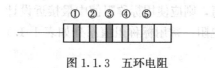

图 1.1.3　五环电阻

其阻值为 ①②③$\times 10^④ \pm$⑤（Ω）。其中：①②③环由表 1.1.3 中的前九种颜色表示，④环由表 1.1.3 中前四种颜色及金、银、黑色表示，金、银、黑色分别表示 10^{-1}、10^{-2}、10^{0}。⑤环对应误差范围为：棕— ±1%；红— ±2%；绿— ±0.5%；蓝— ±0.2%；紫— ±0.1%；金— ±5%；银— ±10%。

例如五环电阻①棕　②绿　③黑　④红　⑤绿，其阻值为：$150 \times 10^2 \pm 0.5\% = 15k\Omega \pm 0.5\%$。

2. 额定功率

电流流过电阻，电阻要消耗功率而发热，于是电阻长期安全使用所能承受的最大功率，被称为电阻的额定功率。额定功率在电路图中常采用表 1.1.4 中的符号表示。

表 1.1.4　　　　　　　　　常用电阻器符号及电阻额定功率表示法

图形符号	名称	图形符号	名称	图形符号	名称
▭	固定电阻	▭（带斜线 u）	压敏电阻	▭	1/2W 电阻
▭（有抽头）	有抽头的固定电阻	▭（带斜线）	直热式热敏电阻	▭	1W 电阻

续表

图形符号	名称	图形符号	名称	图形符号	名称
	变阻器 （可调电阻）		旁热式 热敏电阻		2W 电阻
	微调变阻器		光敏电阻		5W 电阻
	电位器		1/8W 电阻		10W 电阻
	微调电位器		1/4W 电阻	20W	20W 电阻

3. 温度系数

电阻器的电阻值会随温度的变化而略有变化。温度每升高 1℃所引起的电阻值变化，被称为电阻器的温度系数。温度系数越大，电阻器的热稳定性越差。电阻器的温度系数有正负之分，电阻值随温度升高增大叫正温度系数，反之叫负温度系数。

由热敏半导体材料制成的热敏电阻，它的电阻值会随温度变化发生显著变化，有正温度系数型（用 PTC 表示）和负温度系数型（用 NTC 表示）两种，在电子设备中作温度补偿、温度测量用，也可作感温元件。

此外，电阻器还存在使用及性能方面的指标，如最大工作电压、噪声、高频特性，外形尺寸及质量等，可根据使用的特殊要求查阅手册选用。

1.1.2　常用电阻器的种类和特点

电阻的种类很多，按结构形式分有固定电阻、可变电阻（微调电位器）和电位器。它们的外形符号如图 1.1.4 所示。

1. 固定电阻

出厂后在使用中阻值不能改变的一类电阻被称为固定电阻。固定电阻根据构成的材料分一般有碳质电阻、

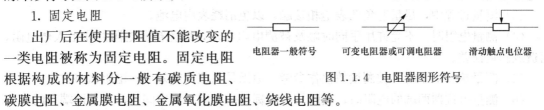

电阻器一般符号　　可变电阻器或可调电阻　　滑动触点电位器

图 1.1.4　电阻器图形符号

碳膜电阻、金属膜电阻、金属氧化膜电阻、绕线电阻等。

碳膜电阻表面一般涂有绿色保护漆，稳定性高，温度系数小，噪声低，价格低。

金属膜电阻表面一般有红色或棕红色保护漆，稳定性和精密度高，温度系数和体积小，耐热性好，噪声低，价格比碳膜电阻稍贵。

金属氧化膜电阻具有金属膜电阻的特性，成本低，耐热性更好，适用于高温。

绕线电阻稳定性高，耐热性好，精度高，可以制成功率更大的电阻；但高频性能差，一般多用于直流电路。

2. 可变电阻

使用中阻值可以方便地调整或随着某一特性阻值呈规律性变化的一类电阻被称为可变电阻。可变电阻又分为电位器、微调电位器以及具有特殊性能的可变电阻。

（1）可变电阻从材料上分有：碳质、薄膜和线绕三种。

（2）电位器按阻值和转角之间的关系分有直线式、对数式和指数式。

直线式（X）：阻值随转轴旋转匀速变化，用于分压偏流调整。

对数式（D）：阻值随转轴旋转做对数关系变化（先快后慢），主要用于音调控制、黑白电视机黑白对比调整。

指数式（Z）：阻值随转轴旋转做指数关系变化（先慢后快），主要用于音量控制。

（3）电位器从结构分有：单连，双连和多连式，带开关和不带开关、可变多圈（动臂转动角大于 360°），半可变式（或微调）、旋转式和推拉式。

带开关的电位器：主要用于电源的切断和导通，比如收音机音量控制。

步进电位器：由步进电机、电阻体和动触片组成，主要用于自动控制。例如家电设备的遥控器音量控制。

（4）特殊性能的可变电阻主要有热敏电阻、光敏电阻、压敏电阻。

热敏电阻：其阻值随温度而变。用得较多的是负温度系数热敏电阻。主要用于测温、控温、报警、气象探测、微波和激光、功率测量等。

光敏电阻：其阻值随光的强度而变化。主要用于照明控制、报警、相机自动曝光控制及测量仪器等。常见的有可见光光敏电阻、紫外光光敏电阻、红外光光敏电阻。

压敏电阻：电阻值随电压非线性变化。当两端电压低于标称额定值时，电阻值接近无穷大；当两端电压略高于标称额定值时，压敏电阻被击穿导通，由高阻态变低阻态。主要用于过压保护、防雷、抑制浪涌电流、吸收尖峰脉冲、限幅、高压灭弧、消噪和保护半导体元器件等，如氧化锌避雷器。

1.1.3　电阻器的检测与选用

1. 检测电阻器注意事项

（1）严禁在带电状态下测量电阻。

（2）测量前或每次更换量程挡时，都应调整欧姆挡零点。若表头指针不能指零，说明表内电池电压太低，应更换电池。

（3）测量过程中，尽量避免两表笔相接触，以免消耗表内电池。

（4）测量电阻时，不允许用手同时触及被测电阻两端，以免被测电阻并联上人体电阻，而造成测量误差。

（5）测量热敏电阻时，被测读数仅作参考，原因是电流的热效应，电阻值将改变。

（6）测量电位器两端的电阻时，其阻值应与标称值相同。测中间滑动片与两端点间的电阻时可缓缓地转动电位器的转轴，万用表示数随转轴转动而改变。

2. 选用电阻器应注意的问题

（1）选用电阻的额定功率，通常是大于实际消耗功率的一倍左右。若选的额定功率过大，体积也大，不利于电路装修；若选的功率过小，安全使用会发生问题。袖珍式收音机常选用功率 4W 以下的电阻，台式收音机常选用功率 1/2W 的电阻。

（2）对电阻器进行测试的方法是用万用表欧姆挡直接将表笔跨接在被测电阻器的两端，依电阻值的大小选择万用表适当的量程，以提高其测量的准确度。

（3）小型电阻的引线在可能情况下不要剪得过短，避免焊接时热量传入电阻内部，引起阻值变化。

（4）测量时若发现阻值为无穷大，说明电阻内部断开；若用手轻轻摇动引线，阻值不稳定，可能是电阻引线将断未断；若测电位器时缓缓转动转轴，万用表示数变动跳跃式变动，说明电阻膜片有问题。

第 2 节　电　容　元　件

电容器习惯上简称为电容。它是由两块互相靠近又彼此绝缘的金属片组成的。电容常用字母 C 表示。由于电容在电路里可以储存电场能，所以属于储能元件。电容具有隔直流、通交流、通高频、阻低频的特性。

电容的单位用法（F）表示，常用单位还有微法（μF）和皮法（pF）。

$$1F = 10^6 \mu F = 10^{12} pF$$

1.2.1　电容元件的参数及标注方法

1. 电容的基本参数

（1）标称电容与允许误差。电容器的容量是表示在一定电压条件下的储电能力，两块金属片的距离越近，面积越大，容量就越大。电容的容量也和电阻值一样是有一定系列的，通常在电容器上标注出电容量数值，这个值即电容器的标称容量。而标称容量又和它的实际容量有误差，因此规定出误差等级，常用固定电容器的允许误差等级有 ±2%、±5%、±10%、±20% 等几种。常用固定电容器的标称容量系列见表 1.1.5 所示。

表 1.1.5　　　　　常用固定电容器的标称容量系列

电容器类别	允许误差	容量误差	标称容量系列
纸介电容、金属化纸介电容、纸膜复合介质电容、低频（有极性）有机薄膜介质电容	±5%	10pf～1μf	1.0　1.5　2.2　3.3　4.7　6.8
	±10% ±20%	1～10μf	1　2　4　6　8　10　15　20　30　50　60　80　100
高频（无极性）有机薄膜介质电容、瓷介质电容、玻璃釉电容、云母电容	±5%	1～10μf	1.0　1.1　1.2　1.3　1.5　1.6　1.8　2.0　2.2　2.4　2.7 3.0　3.3　3.6　3.9　4.3　4.7　5.1　5.6　6.2　6.8　7.5 8.2　9.1
	±10%	1～10μf	1.0　1.2　1.5　1.8　2.2　2.7　3.3　3.9　4.7　5.6 6.8　8.2
	±20%	1～10μf	1.0　1.5　2.2　3.3　4.7　6.8
铝、钽、铌、钛电解电容	±10% ±20%	1～10μf	1.0　1.5　2.2　3.3　4.7　6.8

（2）电容器的耐压值。电容器在电路中长期（不少于 1 万小时）可靠地工作所能承受的最高直流电压，即电容器的耐压值，又被称为电容器的额定直流工作电压。常用固定电容器的额定直流工作电压有：1.6，4，6.3，10，16，25，32*，40，50，63，100，125*，160，250，300*，400，450*，500，630，1000V 等（* 者只限于电解电容器使用）。

（3）绝缘电阻。电容器两极板之间的介质并非绝对的绝缘体，或者说其间阻值不是无穷大，这个阻值就叫电容器的绝缘电阻或漏电阻，这个数值，一般应在数百兆欧以上，电解电容的绝缘电阻也应在数百千欧以上。显然漏电电阻越小，漏电越严重，漏电电流大，漏电损耗大，质量就不好，寿命相应也短。

2. 电容的标注方法

在电容器的外壳上，用汉语拼音标注着该电容的型号，其标注方法如图 1.1.5 所示。

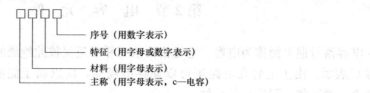

序号（用数字表示）
特征（用字母或数字表示）
材料（用字母表示）
主称（用字母表示，c—电容）

图 1.1.5　电容的标注方法

表 1.1.6 是电容器的材料、特征代号的意义。比如某电容上标记着 CZ2X 表示小型管状纸介电容。

表 1.1.6　　　　　　　　　　　电容器的材料、特征代号的意义

材料				特征	
代号	意义	代号	意义	代号	意义
C	高频瓷	L	涤纶等有机薄膜	W	微调
T	低频瓷	Q	漆膜	X	小型
I	玻璃釉	H	纸膜复合	G	高功率
O	玻璃膜	D	铝电解		
Y	云母	A	钽电解		
V	云母纸	N	铌电解		
Z	纸介	G	金属电解		
J	金属化纸介	E	其他材料电解		
B	聚苯乙烯等非金属有机薄膜				

1.2.2　常用电容器介绍

电容器的种类很多，按其结构形成分有：固定电容、可变电容和半可变电容（即微调电容）等 3 种。

1. 固定电容

容量不可以调整的一类电容被称为固定电容，固定电容按其构成材料不同又可分为三种。

（1）电解电容器。电解电容以附着在金属板上的氧化膜的薄层作介质，金属板片为铝、钽、铌、钛等。其主要特点是容量大，体积大，耐压较低，有正负极性之分（也有一种电容无极性），容量误差大，且容量随频率而变，因此稳定性差，绝缘电阻低，寿命短。它一般用作低频电路中的耦合电容、旁路电容、去耦电容，以及电源滤波等，纯交流电路不能用。

优点：容量范围大，一般为 $1 \sim 10\,000\mu F$，额定工作电压范围为 6.3V～450V。

缺点：介质损耗、容量误差大（最大允许偏差＋100%、－20%），耐高温性较差，存放时间长容易失效。

（2）纸介电容器，金属化纸介电容器。

此类电容器构造简单，容量大，成本低，但稳定性不高，介质损耗大，适用于电路中的

旁路电容和耦合电容。

（3）涤纶电容（有机薄膜电容）、瓷介电容，云母电容。涤纶电容用有极性聚酯薄膜为介质制成的具有正温度系数（即温度升高时，电容量变大）的无极性电容。特性是耐高温、耐高压、耐潮湿、价格低。一般应用于中、低频电路中。

瓷介电容用陶瓷材料作介质，在陶瓷表面涂覆一层金属（银）薄膜，再经高温烧结后作为电极而成。特性是瓷介电容器具有温度系数小、稳定性高、损耗低、耐压高等。最大容量不超过 1000pF，常用的有 CC1、CC2、CC18A、CC11、CCG 等系列。主要应用于高频电路中。

云母电容采用云母作为介质，在云母表面喷一层金属膜（银）作为电极，按需要的容量叠片后经浸渍压塑在胶木壳（或陶瓷、塑料外壳）内构成。特性是稳定性好、分布电感小、精度高、损耗小、绝缘电阻大、温度特性及频率特性好、工作电压高（50V～7kV）等优点。一般在高频电路中作信号耦合、旁路、调谐等使用。常用的有 CY、CYZ、CYRX 等系列。

这些电容容量与电解电容相比要小，但具有体积小，容量稳定，工作电压高，绝缘电阻大等优点。在高频电路中，如输入回路、本级振荡回路、中频调谐回路等要求电容的容量小、损耗小且容量稳定，应选用瓷介电容，云母电容等；高频耦合电容和隔直电容主要是要求漏电电流小些，所以只要容量适合，体积小，一般电容都可以用；高频旁路电容要求容量稍大些，对损耗和容量稳定性要求不高，故最好选用涤纶电容等。

各种电容的外形如图 1.1.6 所示。图 1.1.7 为电容器的图形符号。

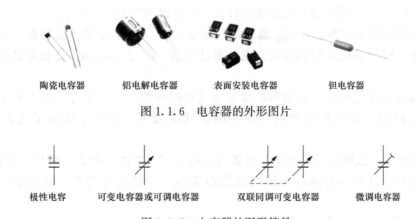

陶瓷电容器　　铝电解电容器　　表面安装电容器　　钽电容器

图 1.1.6　电容器的外形图片

极性电容　　可变电容器或可调电容器　　双联同调可变电容器　　微调电容器

图 1.1.7　电容器的图形符号

2. 可变电容

可变电容有两组金属片，一组可以转动的叫动片，一组固定的叫定片。动、定片间有绝缘介质，绝缘介质有用空气的，有用聚苯乙烯薄膜的。用空气做绝缘介质的可变电容，效果好、耐用，但体积大；用聚苯乙烯薄膜做介质的可变电容器，效果不如前者，但体积小，多用在小型、袖珍式收音机中。

可变电容一般有单连、双连，四连可变电容器等几种。所谓"单连"是指它由一组动片和一组定片所组成；"双连"是由两只单连所组成，两只单连的动片均和同一转轴相连接，实施同轴调节。

可变电容按电容与动片转角关系可分为直线式、直线波长式、直线频率式和对数式四种。

3. 微调电容

微调电容有瓷介质、有机薄膜介质（云母）及瓷介拉线等微调电容器。其容量调整很小，一般仅几皮法至几十皮法。微调电容器在电路中用作补偿、校正频率等。

第3节　电 感 元 件

电感元件是一种理想二端元件，它是实际线圈的理想化模型。实际线圈通入电流时，线圈内及其周围都会产生磁场，并储存磁场能量。电感元件就是反映实际线圈这一基本性能的理想元件。电感器通常分为两类：一类是应用自感作用的电感线圈；另一类是应用互感作用的变压器。

1.3.1　电感线圈的参数及标注方法

1. 电感线圈的主要参数

（1）电感量和误差。

线圈的电感量也叫自感系数或自感，是表示线圈产生自感应能力的一个物理量。电感量也有标称值，其单位为 μH、mH 及 H（读亨利或亨）。

$$1H = 10^3 mH = 10^6 \mu H$$

电感量的误差是指线圈的实际电感量与标称值间的差异，对振荡线圈要求较高，允许误差为 0.2%～0.5%；对耦合阻流线圈要求较低。允许误差为 10%～15%。

（2）电感器的品质因数 Q。电感器的品质因数 Q 是线圈质量的重要参数。它表示在某一工作频率下，线圈的感抗对其等效直流电阻的比值，即 $Q = \omega L / R$。Q 值越高线圈的损耗越小。

（3）电感器的额定电流。电感器的额定电流是指线圈正常工作时，所能承受的最大电流，对于阻流线圈、大功率的谐振线圈和电源滤波线圈、额定工作电流也是一个重要参数。

（4）分布电容。线圈的匝与匝间，线圈与屏蔽罩间，线圈与磁芯、底板间存在的电容，均称为分布电容。分布电容的存在使线圈的 Q 值减小，稳定性变差，因而分布电容越小越好。

2. 电感线圈的标注方法

电感线圈的命名方法目前有两种，一是用汉语拼音字母表示，如 LGX 型，表示小型高频电感线圈；二是用字母和阿拉伯数字并列组成，如固定电感线圈 LG_1 系列标注方法中 LG_1—B—560μH±10%，表示 LG_1 型号、最大工作电流组别为 B，标称电感量为 560μH、允许误差为 ±10%。详细情况见相关手册，电感量范围、最大工作电流，外形尺寸，最大工作电流对应的组别符号等都有标注。

1.3.2　常用电感线圈的种类和特点

电感线圈是用导线在绝缘骨架上绕制而成。线圈通常由骨架、绕组、屏蔽罩、磁心等组成。线圈的种类很多，根据它们的结构形式分类有固定电感、可变电感和微调电感等；按导磁体性质分类有空心线圈、磁心线圈等。常用电感器的图形符号如图 1.1.8 所示。

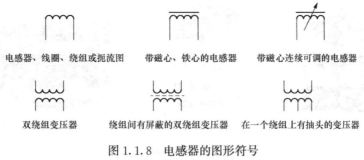

电感器、线圈、绕组或扼流图　　带磁心、铁心的电感器　　带磁心连续可调的电感器

双绕组变压器　　绕组间有屏蔽的双绕组变压器　　在一个绕组上有抽头的变压器

图 1.1.8　电感器的图形符号

注：符号中半圆数不得少于 3 个。

1.3.3　电感线圈的选用与测量

1. 根据电路的要求选择合适的电感线圈

使用时要注意通过电感器的工作电流必须小于它的允许电流，否则电感器将发热，其性能变坏或烧坏。

2. 电感器的一般测量

用万用表检查电感线圈有无断路或短路故障，方法是用万用表欧姆档测量线圈的直流电阻，并与正常值进行比较。若阻值无穷大或者显著增大，则可能断路；若比正常值小得多，则表示严重短路。若线圈局部短路，须用专门仪器进行测试。

3. 电感器的电感量和品质因数的测量

电感量和品质因数 Q 可采用电感测量仪或万用电桥测量。线圈之间、线圈和铁芯、屏蔽层、金属屏蔽罩之间的绝缘电阻，可用兆欧表或万用表测试。

第4节　电机控制元件

工业生产和社会生活中，常常需要对电路进行控制，常用的基本控制电器有接触器、继电器、断路器等。

1.4.1　接触器

1. 接触器的结构和用途

接触器是用于远距离频繁地接通和切断交直流主电路及大容量控制电路的一种自动控制电器。其主要控制对象是电动机，也可以用于控制其他电力负载、电热器、电照明、电焊机与电容器组等。接触器具有操作频率高、使用寿命长、工作可靠、性能稳定、维护方便等优点，同时还具有低压释放保护功能，因此，在电力拖动和自动控制系统中，接触器是运用最广泛的控制电器之一。

按控制电流性质不同，接触器分为交流接触器和直流接触器两大类。图 1.1.9 所示为几款接触器外形图。

交流接触器常用于远距离、频繁地接通和分断额定电压至 1140V、电流至 630A 的交流电路。图 1.1.10 为交流接触器的结构示意图，它分别由电磁系统、触点系统、灭弧装置和其他部件组成。

交流接触器工作时，一般当施加在线圈上的交流电压大于线圈额定电压值的 85% 时，

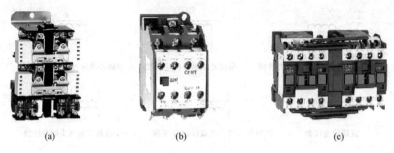

图 1.1.9　接触器外形

(a) CZ0 直流接触器；(b) CJX1 系列交流接触器；(c) CJX2 - N 系列可逆交流接触器

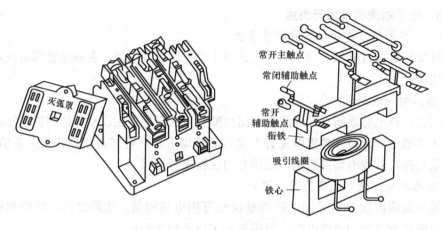

图 1.1.10　交流接触器结构示意图

铁心中产生的磁通对衔铁产生的电磁吸力克服复位弹簧拉力，使衔铁带动触点动作。触点动作时，常闭触点先断开，常开触点后闭合，主触点和辅助触点是同时动作的。当线圈中的电压值降到某一数值时，铁心中的磁通下降，吸力减小到不足以克服复位弹簧的拉力时，衔铁复位，使主触点和辅助触点复位。这个功能就是接触器的失压保护功能。

　　常用的交流接触器有 CJ10 系列可取代 CJ0、CJ8 等老产品，CJ12、CJ12B 系列可取代 CJ1、CJ2、CJ3 等老产品，其中 CJ10 是统一设计产品。

　　2. 接触器的表示方式

　　(1) 型号。接触器的标志组成及其含义图 1.1.11 所示。

　　(2) 电气符号。交、直流接触器的图形符号及文字符号如图 1.1.12 所示。

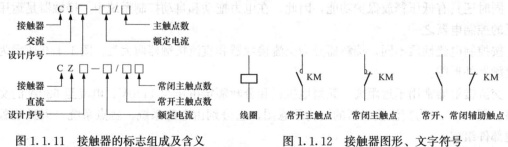

图 1.1.11　接触器的标志组成及含义　　　　图 1.1.12　接触器图形、文字符号

3. 接触器的选择与常见故障的修理方法

接触器的选择主要考虑以下几个方面。

（1）接触器的类型。根据接触器所控制的负载性质，选择直流接触器或交流接触器。

（2）额定电压。接触器的额定电压应大于或等于所控制线路的电压。

（3）额定电流。接触器的额定电流应大于或等于所控制电路的额定电流。对于电动机负载可按下列经验公式计算：

$$I_c = \frac{P_N}{KU_N}$$

式中　I_c——接触器主触点电流，A；

P_N——电动机额定功率，kW；

U_N——电动机额定电压，V；

K——经验系数，一般取 1～1.4。

接触器常见故障及其处理方法如表 1.1.7 所示。

表 1.1.7　　　　　　　　　接触器常见故障及其处理方法

故障现象	产生原因	修理方法
接触器不吸合或吸不牢	1. 电源电压过低 2. 线圈断路 3. 线圈技术参数与使用条件不符 4. 铁心机械卡阻	1. 调高电源电压 2. 调换线圈 3. 调换线圈 4. 排除卡阻物
线圈断电，接触器不释放或释放缓慢	1. 触点熔焊 2. 铁心表面有油污 3. 触点弹簧压力过小或复位弹簧损坏 4. 机械卡阻	1. 排除熔焊故障，修理或更换触点 2. 清理铁心极面 3. 调整触点弹簧力或更换复位弹簧 4. 排除卡阻物
触点熔焊	1. 操作频率过高或过负载使用 2. 负载侧短路 3. 触点弹簧压力过小 4. 触点表面有电弧灼伤 5. 机械卡阻	1. 调换合适的接触器或减小负载 2. 排除短路故障更换触点 3. 调整触点弹簧压力 4. 清理触点表面 5. 排除卡阻物
铁心噪声过大	1. 电源电压过低 2. 短路环断裂 3. 铁心机械卡阻 4. 铁心极面有油垢或磨损不平 5. 触点弹簧压力过大	1. 检查线路并提高电源电压 2. 调换铁心或短路环 3. 排除卡阻物 4. 用汽油清洗极面或更换铁芯 5. 调整触点弹簧压力
线圈过热或烧毁	1. 线圈匝间短路 2. 操作频率过高 3. 线圈参数与实际使用条件不符 4. 铁心机械卡阻	1. 更换线圈并找出故障原因 2. 调换合适的接触器 3. 调换线圈或接触器 4. 排除卡阻物

1.4.2　热继电器

1. 热继电器的结构和用途

电动机在运行过程中若过载时间长，过载电流大，电动机绕组的温升就会超过允许值，使电动机绕组绝缘老化，缩短电动机的使用寿命，严重时甚至会使电动机绕组烧毁。因此，电动机在长期运行中，需要对其过载提供保护装置。热继电器是利用电流的热效应原理实现电动机的过载保护，图1.1.13为几种常用的热继电器外形。

JR16系列热继电器　　　　JRS5系列热继电器　　　　JRS1系列热继电器

图1.1.13　热继电器外形

热继电器具有反时限保护特性，即过载电流大，动作时间短；过载电流小，动作时间长。当电动机的工作电流为额定电流时，热继电器应长期不动作。其保护特性如表1.1.8所示。

表1.1.8　　　　　　　　　　　　　　热继电器的保护特性

项号	整定电流倍数	动作时间	试验条件
1	1.05	大于2h	冷态
2	1.2	小于2h	热态
3	1.6	小于2min	热态
4	6	大于5s	冷态

热继电器主要由热元件、双金属片和触点等3部分组成。双金属片是热继电器的感测元件，由两种线膨胀系数不同的金属片用机械碾压而成。线膨胀系数大的称为主动层，小的称为被动层。图1.1.14（a）是热继电器的结构示意图。热元件串联在电动机定子绕组中，电动机正常工作时，热元件产生的热量虽然能使双金属片弯曲，但还不能使继电器动作。当电动机过载时，流过热元件的电流增大，经过一定时间后，双金属片推动导板使继电器触点动作，切断电动机的控制线路。

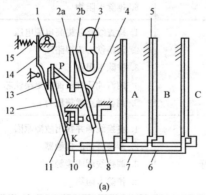 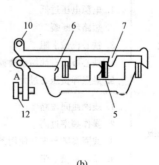

(a)　　　　　　　　　　　　　　　　　　(b)

图1.1.14　JR16系列热继电器结构示意

(a) 结构示意图；(b) 差动式断相保护示意图

1—电流调节凸轮；2—2a、2b簧片；3—手动复位按钮；4—弓簧；5—双金属片；6—外导板；7—内导板；8—常闭静触点；9—动触点；10—杠杆；11—调节螺钉；12—补偿双金属片；13—推杆；14—连杆；15—压簧

电动机断相运行是电动机烧毁的主要原因之一，因此要求热继电器还应具备断相保护功能，如图1.14（b）所示，热继电器的导板采用差动机构，在断相工作时，其中两相电流增大，一相逐渐冷却，这样可使热继电器的动作时间缩短，从而更有效地保护电动机。

2. 热继电器的表示方式

（1）型号。热继电器的型号标志组成及其含义如图1.1.15所示。

（2）电气符号。热继电器的图形符号及文字符号如图1.1.16所示。

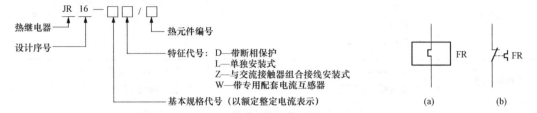

热继电器 ← JR 16 —□□/□ → 热元件编号
设计序号

特征代号：D—带断相保护
　　　　　L—单独安装式
　　　　　Z—与交流接触器组合接线安装式
　　　　　W—带专用配套电流互感器

基本规格代号（以额定整定电流表示）

图1.1.15　热断电器的型号标志组成及含义

图1.1.16　热继电器图形及文字符号
（a）热继电器的驱动器件；（b）常闭触点

3. 热继电器的选择与常见故障的处理方法

热继电器主要用于电动机的过载保护，使用中应考虑电动机的工作环境、启动情况、负载性质等因素，具体应按以下4个方面来选择。

（1）热继电器结构形式的选择：Y接法的电动机可选用两相或三相结构热继电器；△接法的电动机应选用带断相保护装置的三相结构热继电器。

（2）根据被保护电动机的实际启动时间选取6倍额定电流下具有相应可返回时间的热继电器。一般热继电器的可返回时间大约为6倍额定电流下动作时间的50%～70%。

（3）热元件额定电流一般为：

$$I_N = (0.95 \sim 1.05)I_{MN}$$

式中，I_N——热元件额定电流；

I_{MN}——电动机的额定电流。

对于工作环境恶劣、启动频繁的电动机，则为：

$$I_N = (1.15 \sim 1.5)I_{MN}$$

热元件选好后，还需用电动机的额定电流来调整它的整定值。

（4）对于重复短时工作的电动机（如起重机电动机），由于电动机不断重复升温，热继电器双金属片的温升跟不上电动机绕组的温升，电动机将得不到可靠的过载保护。因此，不宜选用双金属片热继电器，而应选用过电流继电器或能反映绕组实际温度的温度继电器来进行保护。

热继电器的常见故障及其处理方法如表1.1.9所示。

表1.1.9　　　　　　　　　热继电器的常见故障及其处理方法

故障现象	产生原因	修理方法
热继电器误动作或动作太快	1. 整定电流偏小 2. 操作频率过高 3. 连接导线太细	1. 调大整定电流 2. 调换热继电器或限定操作频率 3. 选用标准导线

故障现象	产生原因	修理方法
热继电器不动作	1. 整定电流偏大 2. 热元件烧断或脱焊 3. 导板脱出	1. 调小整定电流 2. 更换热元件或热继电器 3. 重新放置导板并试验动作灵活性
热元件烧断	1. 负载侧电流过大 2. 反复 3. 短时工作 4. 操作频率过高	1. 排除故障调换热继电器 2. 限定操作频率或调换合适的热继电器
主电路不通	1. 热元件烧毁 2. 接线螺钉未压紧	1. 更换热元件或热继电器 2. 旋紧接线螺钉
控制电路不通	1. 热继电器常闭触点接触不良或弹性消失 2. 手动复位的热继电器动作后，未手动复位	1. 检修常闭触点 2. 手动复位

1.4.3 低压断路器

1. 低压断路器的结构和用途

低压断路器又被称为自动空气开关，在电气线路中起接通、分断和承载额定工作电流的作用，并能在线路和电动机发生过载、短路、欠电压的情况下进行可靠的保护。它的功能相当于刀开关、过电流继电器、欠电压继电器、热继电器及漏电保护器等电器部分或全部的功能总和，是低压配电网中一种重要的保护电器。常用的低压断路器有 DZ 系列、DW 系列和DWX 系列。图 1.1.17 所示为 DZ 系列低压断路器外形图。

低压断路器的结构示意如图 1.1.18 所示，低压断路器主要由触点、灭弧系统、各种脱扣器和操作机构等组成。脱扣器又分电磁脱扣器、热脱扣器、复式脱扣器、欠压脱扣器和分励脱扣器等 5 种。

图 1.1.17 DZ 系列低压断路器外形

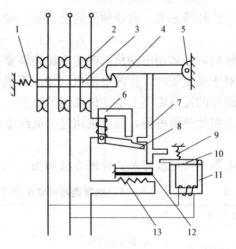

图 1.1.18 低压断路器结构示意图

1—弹簧；2—主触点；3—传动杆；4—锁扣；5—轴；
6—电磁脱口器；7—杠杆；8、10—衔铁；9—弹簧；
11—欠压脱口器；12—双金属片；13—发热元件

图 1.1.18 所示断路器处于闭合状态，3 个主触点通过传动杆与锁扣保持闭合，锁扣可绕轴 5 转动。断路器的自动分断是由电磁脱扣器 6、欠压脱扣器 11 和双金属片 12 使锁扣 4 被杠杆 7 顶开而完成的。正常工作中，各脱扣器均不动作，而当电路发生短路、欠压或过载故障时，分别通过各自的脱扣器使锁扣被杠杆顶开，实现保护作用。

2. 低压断路器的表示方式

（1）型号。低压断路器的标志组成及含义如图 1.1.19 所示。

（2）电气符号。低压断路器的图形符号及文字符号如图 1.1.20 所示。

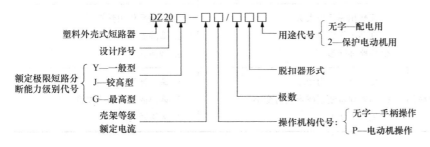

图 1.1.19　低压断路器的标志组成及含义

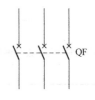

图 1.1.20　低压断路器
图形及文字符号

3. 低压断路器的选择与常见故障的处理方法

低压断路器的选择应注意以下 4 点。

（1）低压断路器的额定电流和额定电压应大于或等于线路、设备的正常工作电压和工作电流。

（2）低压断路器的极限通断能力应大于或等于电路最大短路电流。

（3）欠电压脱扣器的额定电压等于线路的额定电压。

（4）过电流脱扣器的额定电流大于或等于线路的最大负载电流。

使用低压断路器来实现短路保护比熔断器优越，因为当三相电路短路时，很可能只有一相的熔断器熔断，造成断相运行。对于低压断路器来说，只要造成短路都会使开关跳闸，将三相同时切断。另外还有其他自动保护作用。但其结构复杂、操作频率低、价格较高，因此适用于要求较高的场合，如电源总配电盘。

低压断路器常见故障及其处理方法如表 1.1.10 所示。

表 1.1.10　　　　　　　　　　低压断路器常见故障及其处理方法

故 障 现 象	产 生 原 因	修 理 方 法
手动操作断路器不能闭合	1. 电源电压太低 2. 热脱扣的双金属片尚未冷却复原 3. 欠电压脱扣器无电压或线圈损坏 4. 储能弹簧变形，导致闭合力减小 5. 反作用弹簧力过大	1. 检查线路并调高电源电压 2. 待双金属片冷却后再合闸 3. 检查线路，施加电压或调换线圈 4. 调换储能弹簧 5. 重新调整弹簧反力
电动操作断路器不能闭合	1. 电源电压不符 2. 电源容量不够 3. 电磁铁拉杆行程不够 4. 电动机操作定位开关变位	1. 调换电源 2. 增大操作电源容量 3. 调整或调换拉杆 4. 调整定位开关

故障现象	产生原因	修理方法
电动机启动时断路器立即分断	1. 过电流脱扣器瞬时整定值太小 2. 脱扣器某些零件损坏 3. 脱扣器反力弹簧断裂或落下	1. 调整瞬间整定值 2. 调换脱扣器或损坏的零部件 3. 调换弹簧或重新装好弹簧
分励脱扣器不能使断路器分断	1. 线圈短路 2. 电源电压太低	1. 调换线圈 2. 检修线路调整电源电压
欠电压脱扣器噪声大	1. 反作用弹簧力太大 2. 铁芯工作面有油污 3. 短路环断裂	1. 调整反作用弹簧 2. 清除铁芯油污 3. 调换铁芯
欠电压脱扣器不能使断路器分断	1. 反力弹簧弹力变小 2. 储能弹簧断裂或弹簧力变小 3. 机构生锈卡死	1. 调整弹簧 2. 调换或调整储能弹簧 3. 清除锈污

第2章 常用电工仪器仪表

第1节 电工仪表常识

2.1.1 电工仪表的误差及等级

1. 仪表误差的分类

仪表的指示值和被测量的实际值之间的差异程度被称为误差,任何一个仪表在测量时都有误差,误差越小,测量的准确度就越高。根据引起误差的原因,可将误差分为基本误差和附加误差。

(1) 基本误差。基本误差是指示仪表在规定的正常条件下进行测量时所具有的误差。它是仪表本身所固有的,即由于结构上及制作上不完善而产生的。

(2) 附加误差。附加误差是当仪表不是在正常工作条件下工作时,除了基本误差外所出现的误差。例如温度、外磁场等不符合仪表正常工作条件时,都会引起附加误差。

2. 仪表误差的表示形式

(1) 绝对误差。仪表指示的数值(简称"示值")A 和被测量的实际值 A_0 之间的差值叫做仪表的绝对误差,用 Δ 表示

$$\Delta = A - A_0$$

被测量的实际值可认为是标准表(用来检定工作仪表的高准确度仪表)的测量值。绝对误差的单位与被测量的单位相同。

(2) 相对误差。测量不同大小的被测量值时,用绝对误差难以比较测量结果的准确度,这时要用相对误差来表示。相对误差是绝对误差 Δ 与被测量的实际值 A_0 之间的比值,通常用百分数来表示,即

$$\gamma = \frac{\Delta}{A_0} \times 100\% \approx \frac{\Delta}{A} \times 100\%$$

(3) 引用误差。由于同一个仪表的绝对误差在刻度的范围内变化不大,相对误差不是一个常数,难以用来评价仪表的准确度。因此通常采用"引用误差"来表示指示仪表的准确度。引用误差是绝对误差 Δ 与仪表上限 A_m 比值的百分数,即

$$\gamma_m = \frac{\Delta}{A_m} \times 100\%$$

实际上,由于仪表各指示值的绝对误差有差异,为了评价仪表在准确度方面是否合格,式中的分子应该取标度尺工作部分所出现的最大绝对误差,即

$$\gamma_{mm} = \frac{\Delta_m}{A_m} \times 100\%$$

式中,γ_{mm} 为最大引用误差,Δ_m 为仪表指示值的最大绝对误差。

3. 仪表的基本误差及准确度

通常用引用误差用来表示仪表的基本误差,基本误差决定了仪表的准确度的等级。仪表在规定条件下工作时,在它的标度尺工作部分的所有分度线上,可能出现的基本误差的百分

数值，称为仪表的准确度等级。共有 0.1、0.2、0.5、1.0、1.5、2.5、5.0 七个等级。一般 0.1 级和 0.2 级仪表用来作标准仪器，校准其他工作仪表，而实验中多采用 0.5 级～2.5 级仪表。准确度等级的数值越小，允许的基本误差越小，表示仪表的准确度越高，仪表的准确度等级如表 1.2.1 所示。

表 1.2.1 　　　　　　　　　　　　　　**仪表的准确度等级**

仪表的准确度等级	0.1	0.2	0.5	1.0	1.5	2.5	5.0
基本误差（%）	±0.1	±0.2	±0.5	±1.0	±1.5	±2.5	±5.0

仪表的准确度对测量结果的准确度影响很大。但一般说来，仪表的准确度并不就是测量结果的准确度，后者还与被测量的大小有关，只有仪表运用在满刻度偏转时，测量结果的准确度才等于仪表的准确度。因此，切不要把仪表的准确度与测量结果的准确度混在一起。

2.1.2　电工仪表使用注意事项

1. 根据被测量的大小选择合适的量程

选择仪表时，一般应使被测量的大小为仪表测量上限的 2/3 以上，如果被测量的大小不到仪表测量上限的 1/3，那就是不合理的。如果用测量上限比被测量数值大得多的仪表去进行测量，测量误差将会很大。

例如，测量 40V 的交流电压，若选用准确度 1.5 级、量限为 50V 交流电压表，测量结果中可能出现的最大绝对误差

$$\Delta_m = \pm 1.5\% \times 50 = \pm 0.75(V)$$

这时的相对误差

$$\frac{\pm 0.75}{40} = \pm 0.018\,75 = \pm 1.875\%$$

如果选用准确度高，但量限不合适，测量误差可能反而大一些。如上例中若采用准确度为 0.5 级、量限为 300V 的电压表，则测量结果可能出现的最大误差为

$$\Delta_m = \pm 0.5\% \times 300 = \pm 1.5(V)$$

测量 40V 电压时的相对误差为

$$\frac{\pm 1.5}{40} = \pm 0.037\,5 = \pm 3.75\%$$

结果表明，这时的测量误差反而更大。

2. 按照使用场合和工作条件选择合适的仪表

仪表的使用场合和工作条件包括：仪表用在开关板上还是在实验室用，外磁场影响的情况，过载情况等。表 1.2.2 列出了常用仪表的特性。

表 1.2.2 　　　　　　　　　　　　　**常用仪表的特性**

型式 性能	磁电系	整流系	电磁系	电动系
测量基本量（不加说明时，即是电压、电流）	直流或交流的恒定分量	交流平均值（一般在正弦交流下刻度为有效值）	交流有效值或直流	交流有效值或直流（并可测交、直流功率及交流相位、频率等）

续表

性能 \ 型式	磁电系	整流系	电磁系	电动系
使用频率范围	直流	一般用于 45～1000Hz，有的可达 5000Hz 以上	一般用于 50Hz，频率变化时，误差较大	一般用于 50Hz，有的可用于 8000Hz 以下
准确度	高（可达 0.1～0.005 级，一般为 0.5～1.0 级）	低（可达 0.5～1.0 级，一般为 0.5～2.5 级）	较低（可达 0.2～0.1 级，一般为 0.5～2.5 级）	高（可达 0.1～0.05 级，一般为 0.5～1.0 级）
功率损耗	小	小	大	大
波形影响	无	测量交流非正弦波有效值时，误差很大	可测非正弦交流有效值	可测非正弦交流有效值
防御外磁场能力	强	强	弱	弱
分度特性	均匀	接近均匀	不均匀	不均匀（作功率表时，刻度均匀）
过载能力	小	小	大	小
转矩	大	大	小	小
价格	贵	贵	便宜	最贵
主要应用范围	作直流电表	作交流电表	作板式电表及一般实验室用交流电表	作为交直流标准表及一般实验室电表

3. 根据被测线路和被测负载阻抗的大小选择内阻合适的仪表

对电路进行测量时，仪表的接入对电路工作情况的影响应尽可能小，否则测量出来的数据将不反映电路的实际情况。例如，用电压表测量负载电压时，电压表与负载是并联的，如电压表的内阻相对于负载阻抗来说不是足够大，则电压表的接入将严重改变电路的状况，以致造成很大的误差。因此用电压表测量负载电压时，电压表的内阻越大越好。一般若电压表内阻 $R_V \geqslant 100R$（R 为被测负载的总电阻），就可以忽略电压表内阻的影响。

在测量电流时，电流表是串联接入电路进行测量的，其内阻越小，对电路的影响也越小。一般当电流表内阻 $R_A \leqslant \dfrac{1}{100}R$（$R$ 是与电流表串联的总电阻）时，即可忽略电流表内阻的影响。

第 2 节　电流表与电压表

2.2.1　电流的测量

电流的测量通常是用电流表来实现的，其测量方法是将电流表串联于被测电流支路中。

1. 直流电流测量

（1）被测电流小于电流表量程时，将电流表直接串联于被测电流支路中，如图 1.2.1（a）所示。

（2）由于电流表的量程一般较小，为了测量更大的电流，就必须扩大仪表的量程。其方法是采用分流器，如图 1.2.1（b）所示，在已知电流表表头电阻的情况下，$I = I_0 \left(\dfrac{R_0}{R_A} + 1 \right)$。

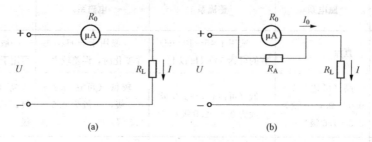

图 1.2.1 直流电流测量

(a) 串联测量电流；(b) 分流器测量电流

2. 交流电流测量

（1）对于双量程仪表，可采用改变固定线圈的接法来扩大量程，如图 1.2.2 所示，图 1.2.2（a）为串联接法，量程为 5A；图（b）为串联接法，量程为 10A。

（2）对于大电流的测量，可采用电流互感器接法扩大量程，如图 1.2.3 所示。特别指出，电流互感器二次侧绝对不允许开路。

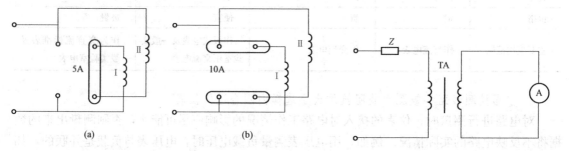

图 1.2.2 双量程仪表改换接法扩大量程   图 1.2.3 采用电流互感器接法测量大电流

(a) 量程 5A；(b) 量程 10A

2.2.2 电压的测量

电压的测量通常是用电压表来实现的。其测量方法是将电压表并联在电路中被测元件的两端。

1. 直流电压测量

（1）被测电压小于电压表量程时，将电压表直接并联在被测电路两端，如图 1.2.4（a）所示。

（2）当被测电压大于电压表量程时，采用串联分压电阻的方法扩大仪表的量程。如图 1.2.4（b）所示，在已知电压表表头电阻的情况下

$$U = U_0 \left(\frac{R_V}{R_0} + 1 \right)$$

2. 交流电压的测量

测量交流电压一般使用电磁式仪表，其表头内的固定线圈是用细导线绕成的，匝数很多，电阻值很大，电感的影响可以忽略，因此常用串联附加电阻 R_V 来扩大量程。测量 600V 以上的交流电压时，为了安全，一般采用电压互感器将电压降低进行测量，电压互感器测量电压的方法如图 1.2.5 所示。特别指出，电压互感器二次侧绝对不允许短路。

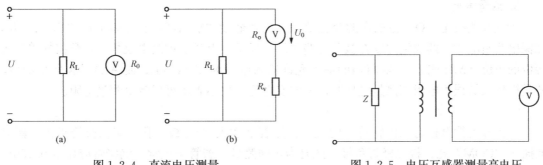

图 1.2.4　直流电压测量
（a）并联测量电压；（b）串联分压电阻测量电压

图 1.2.5　电压互感器测量高电压

第 3 节　数字式万用表

万用表是利用一只磁电系表头，通过转换开关变换不同的测量电路制成的，可用于测量直流电压、直流电流、交流电压、交流电流、电阻等多种物理量，是一种具有多种量限的常用电工仪表。

数字万用表能对多种电量进行直接测量并将测量结果用数字显示。与模拟式万用表相比，其各项性能指标均有大幅度提高。

数字万用表的显示位数一般为 4～8 位。若最高位不能显示 0～9 的所有数字，即称作"半位"，写成"$\frac{1}{2}$"位。例如袖珍式万用表共有四个显示单元，习惯上叫"$3\frac{1}{2}$位"（读作"三位半"）数字万用表。同样道理，具有 8 个显示单元的数字万用表，称为"$7\frac{1}{2}$"位数字万用表。也有少数数字万用表，最高位也能显示 0～9 的所有数字。

2.3.1　数字万用表的测量内容及方法（DT9505 数字万用表应用实例）

1. 测直流电压

量程开关拨至"DCV"范围内的合适量程，如果无法估计被测电压的大小，应先拨至最高量程挡测量，再视情况把量程减小到合适位置（下同）。将红表笔插入"V. Ω"孔，黑表笔插入"COM"孔，将万用表与被测电路并联进行测量，显示屏上显示被测电压数值，数值的单位为挡位的单位（mV 或 V），当输入超量程时显示"1"，此时应先断开表笔再切换至大量程。注意，量程不同，测量精度不同。

2. 测交流电压

量程开关拨至"ACV"范围内的合适量程，将红表笔插入"V. Ω"孔，黑表笔插入"COM"孔，将万用表与被测电路并联进行测量。注意被测电压频率为 45～500Hz。

3. 测直流电流

量程开关拨至"DCA"范围内的合适量程。红表笔接"mA"孔（<200mA）或"20A"孔（>200mA）。黑表笔接"COM"孔，将万用表与被测电路串联进行测量，显示屏上显示被测电流数值，数值的单位为挡位的单位（mA 或 A）。

4. 测交流电流

量程开关拨至"ACA"范围内的合适量程，表笔接法同测直流电流。

5. 测量电阻

量程开关拨至"Ω"范围内的合适量程。红表笔接"V. Ω"，孔黑表笔接"COM"孔，确保电路断电时，两表笔并联在被测电路两端，显示屏上显示被测电阻数值，数值的单位为挡位的单位（MΩ 或 Ω）。电阻挡的最大允许输入电压为 250V（DC 或 AC），这个 250V 指的是操作人员误用电阻挡测量电压时仪表的安全值，决不表示可以带电测量电阻。

6. 测量二极管

量程开关拨至标有二极管符号的位置。红表笔插入"V. Ω"孔，接二极管正极；黑表笔插入"COM"孔，接二极管负极。此时为正向测量，若管子正常，测锗管应显示 0.150～0.300V，测硅管应显示 0.550～0.700V。进行反向测试时，二极管的接法与上相反，若管子正常，将显示出"1"；若管子已损坏，将显示"000"。

7. 测三极管的 h_{FE} 值

根据被测管类型不同，把量程开关转至"PNP"或"NPN"处，再把被测管的三个脚插入相应的 e、b、c 孔内，此时，显示屏将显示出 h_{FE} 值。

8. 检查线路的通、断

量程开关拨至蜂鸣器挡，红、黑表笔分别接"V. Ω"孔和"COM"孔。若被测线路电阻低于规定值（20±10 Ω），蜂鸣器可发出声音，说明电路是通的；反之，则不通。

2.3.2　使用数字万用表的注意事项

测量电压时，数字万用表具有自动转换极性的功能，测直流电压时不必考虑正、负极性。

测量晶体管 h_{FE} 值时，由于工作电压仅为 2.8V，且未考虑 U_{be} 的影响，因此，测量值偏高，只能是一个近似值。

测交流电压时，应当用黑表笔（接模拟地 COM）去接触被测电压的低电位端（例如信号发生器的公共地端或机壳），以消除仪表对地分布电容的影响，减少测量误差。

数字万用表的输入阻抗很高，当两支表笔开路时，外界干扰信号会从输入端窜入，显示出没有变化规律的数字。

测量电流时，应把数字万用表串联到被测电路中。如果电源内阻和负载电阻都很小，应尽量选择较大的电流量程，以降低分流电阻值，减小分流电阻上的压降，提高测量准确度。

严禁在测高压（220V 以上）或大电流（0.5A 以上）时拨动量程开关，以防止产生电弧、烧毁开关触点。

测量焊在线路上的元件时，应当考虑与之并联的其他电阻的影响。必要时可焊下被测元件的一端再进行测量，对于晶体三极管则需焊开两个极才能做全面检测。

严禁在被测线路带电的情况下测量电阻，也不允许测量电池的内阻。在检查电器设备上的电解电容器时，应切断设备上的电源，并将电解电容上的正、负极短路一下，防止电容上积存的电荷经万用表泄放，损坏仪表。

在使用各电阻挡、二极管挡、通断挡时，红表笔接"V. Ω"孔（带正电），黑表笔接"COM"孔。这与模拟式万用表在各电阻挡时的表笔带电极性恰好相反，使用时应特别注意。

面板上还有"10MAX"或"MAX200mA"和"MAX750V～1000V"的标记，前者表示在对应的插孔间所测量的电流值不能超过 10A 或 200mA；后者表示测交流电压不能超过 750V，测直流电压不能超过 1000V。

仪表的使用和存放应避免高温（>400℃）、寒冷（<0℃）、阳光直射、高湿度及强烈振

动环境；测量完毕，应将量程开关拨到最高电压挡，并关闭电源。若长期不用，还应取出电池，以免电池漏液。

第4节 功 率 表

功率使用功率表进行测量。多数功率表是根据电动式仪表的工作原理来测量电路功率的。在选择功率表时，首先要考虑的是功率表的量程，必须使其电流量程能允许通过负载电流，电压量程能承受负载电压。

1. 单相功率的测量

单相功率表的接线如图 1.2.6 所示。功率表内部有一个电压线圈和一个电流线圈。电压线圈和电流线圈各有一个接线端上标有"＊"的符号。接线时，将电压线圈的"＊"端和电流的"＊"端接在一起，然后将电压线圈与负载并联，将电流线圈与负载串联。

2. 三相功率的测量

三相功率的测量大多采用单相功率表，也有的采用三相功率表。其测量方法有一表法、二表法、三表法及直接三相功率表法四种。

一表法适用于 Y 接和 △ 接的对称三相电路，如图 1.2.7 所示。表中读数为单相功率 P_1，由于三相功率相等，因此，三相功率为

$$P = 3P_1$$

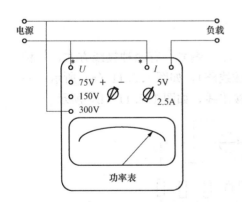

图 1.2.6 单相功率表的接线图

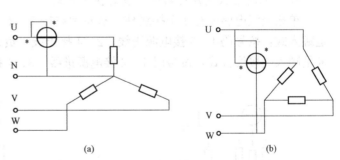

图 1.2.7 一表法测量三相功率
(a) 三相负载 Y 接；(b) 三相负载 △ 接

二表法适用于负载 Y 接和 △ 接的三相三线制系统功率的测量。其接线如图 1.2.8 所示。三相功率 P 等于两表中的读数之和，即

$$P = P_1 + P_2$$

三表法适用于三相四线制负载对称和不对称系统的三相功率测量。接线方式如图 1.2.9 所示。三相功率 P 等于各相功率表读数之和，即

$$p = p_1 + p_2 + p_3$$

直接三相功率表法适用于三相三线制电路。它是将三相功率表直接接在三相电路中测量三相

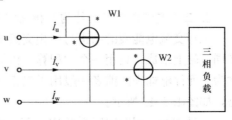

图 1.2.8 二表法测量三相功率

功率，功率表中的读数即为三相功率 P，接线方式如图 1.2.10 所示。

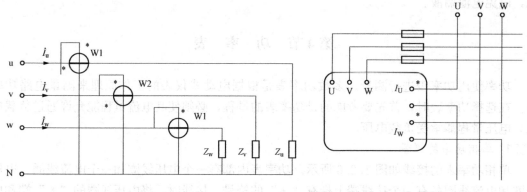

图 1.2.9　三表法测量三相功率　　　　图 1.2.10　直接三相功率表测量三相功率

第 5 节 电 能 表

电能表是计量电能的仪表，即能测量某一段时间内所消耗的电能。电能表按结构分为单相表和三相表两种。

2.5.1　电能表的接线方法

1. 单相感应式交流有功电能表的接线方式

单相交流电能表有 4 个接线柱，从左到右按 1、2、3、4 编号，有两种接线方式，一种是跳入式：按号码 1、3 接电源进线，2、4 接出线（负载线路），如图 1.2.11（a）所示；一种是顺入式接线方式：按号码 1、2 接电源进线，3、4 接出线，如图 1.2.11（b）所示。

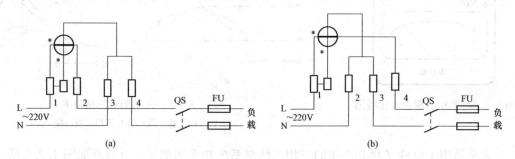

图 1.2.11　单相交流电能表接线方式
（a）跳入式接线；（b）顺入式接线

2. 三相交流电能表的结构及接线方式

三相交流电能表的结构与单相交流电能表相似，它是把两套或三套单相电能表机构套装在同一轴上组成，只用一个"积算"机构。由两套组成的称为两元件电能表，由三套组成的称为三元件电能表。前者一般用于三相三线制电路，后者可用于三相三线制及三相四线制电路，如图 1.2.12 所示。

在对称的三相四线制系统中，若三相负载对称，则可用一只单相电度表测量任一相电

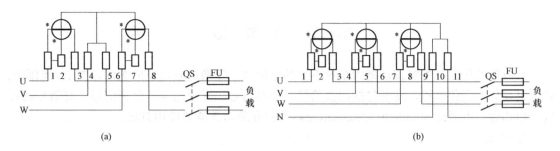

图 1.2.12 三相电能表接线

（a）三相三线直接式电能表接线；（b）三相四线电能表直接式接线

能，然后乘以 3 即得三相总电能，即 $W=3W_1$。若三相负载不对称，测量方法有两种：一是利用三个单相电度表，分别接于三相电路中，然后将这三个电度表中的读数相加即得三相总电能，即 $W=W_1+W_2+W_3$；二是利用三相电能表直接接入电路进行测量，电能表上的读数即为三相总电能。当电路中的电流太大时，电能表必须经电流互感器接入电路进行测量。当电路中电流和电压都较大时，则电能表必须经过电流互感器及电压互感器接入电路进行测量。电流互感器接法如图 1.2.13（b）所示。

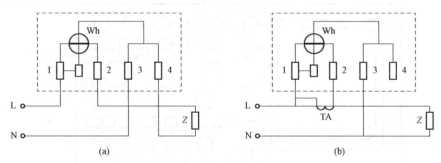

图 1.2.13 电能表电流互感器接线

Wh—单相电能表；Z—负载；TA—电流互感器

2.5.2 电能表使用注意事项

电度表应按设计装配图规定的位置进行安装，应注意不能安装在高温、潮湿、多尘及有腐蚀气体的地方。

电度表应安装在不易受震动的墙上或开关板上，墙面上的安装位置以不低于 1.8m 为宜。

为了保证电度表工作的准确性，必须严格垂直装设。

电度表的导线中间不应有接头。

电度表在额定电压下，当电流线圈无电流通过时，铝盘的转动不超过 1 转，功率消耗不超过 1.5W。

电度表装好后，开亮电灯，电度表的铝盘应从左向右转动。

单相电度表的选用必须与用电器总瓦数相适应。

电度表在使用时，电路不容许短路及用电器超过额定值的 125%。

电度表不允许安装在 10% 额定负载以下的电路中使用。

第6节　示　波　器

示波器的作用，主要就是把肉眼看不见的电信号，变换成看得见的图像，便于人们研究各种电现象的变化过程，其中包括捕获信号、观察信号、测量信号、分析信号、对信号波形进行归档等。下面以 YB43020 型双踪示波器为例介绍示波器的使用方法。

1. 概述

YB43020 型示波器为便携式双通道示波器。该示波器垂直系统具有 0～20MHz 的频带宽度和 5mV/div～5V/div 的偏转灵敏度，配以 10∶1 探极，灵敏度可达 5mV/div。该示波器在全频带范围内可获得稳定触发，触发方式设有常态、自动、TV 和峰值自动。"内触发"设置了交替触发，可以稳定地显示两个频率不相关的信号。水平系统具有 0.5s/div～0.2μs/div 的扫描速度，并设有扩展×10 挡，可将最快扫描速度提高到 20ns/div。

2. 面板控制件介绍

YB43020 面板如图 1.2.14 所示。面板上各功能开关及旋钮如表 1.2.3 所列。

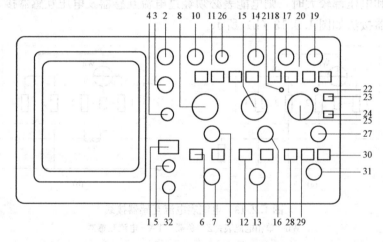

图 1.2.14　YB43020 示波器面板图

表 1.2.3　　　　　　　　　　　　　　**YB43020 示波器面板功能表**

序号	控制件名称	功能
1	电源开关（POWER）	按入此开关，仪器电源接通，指示灯亮
2	亮度（INTENSITY）	光迹亮度调节，顺时针旋转光迹增亮
3	聚焦（FOCUS）	用以调节示波管电子束的焦点，使显示的光点成为细而清晰的圆点
4	光迹旋转（TR$_A$CER$_O$TATION）	调节光迹与水平线平行
5	探极校准信号（PR$_O$BE ADJUST）	此端口输出幅度为 0.5V，频率为 1kHz 的方波信号，用以校准 Y 轴偏转系数和扫描时间系数
6	耦合方式（AC GNDDC）	垂直通道 1 的输入耦合方式选择。AC：信号中的直流分量被隔开，用以观察信号的交流成分；DC：信号与仪器通道直接耦合，当需要观察信号的直流分量或被测信号的频率较低时应选用此方式，GND 输入端处于接地状态，用以确定输入端为零电位时光迹所在位置

续表

序号	控制件名称	功能
7	通道 1 输入插座 CH1（X）	双功能端口。在常规使用时，此端口作为垂直通道 1 的输入口，当仪器工作在 X−Y 方式时此端口作为水平轴信号输入口
8	通道 1 灵敏度选择开关（VOLTS/DIV）	选择垂直轴的偏转系数，从 2mV/div～10V/div 分 12 个挡级调整，可根据被测信号的电压幅度选择合适的挡级
9	微调（VARIABLE）	用以连续调节垂直轴的 CH1 偏转系数，调节范围≥2.5 倍。该旋钮逆时针旋足时为校准位置，此时可根据 VOLTS/DIV 开关度盘位置和屏幕显示幅度读取该信号的电压值
10	垂直位移（POSITION）	用以调节光迹在 CH1 垂直方向的位置
11	垂直方式（MODE）	选择垂直系统的工作方式： CH1：只显示 CH1 通道的信号 CH2：只显示 CH2 通道的信号 交替：用于同时观察两路信号，此时两路信号交替显示，该方式适用于在扫描速率较快时使用 继续：两路信号继续工作，适用于在扫描速率较慢时同时观察两路信号 叠加：用于显示两路信号相加的结果，当 CH2 极性开关被按入时，则两信号相减 CH2 反相：此按键未按入时，CH2 信号为常态显示，按入此键时，CH2 的信号被反相
12	耦合方式（AC GND DC）	作用于 CH2，功能同控制件 6
13	通道 2 输入插座	垂直通道 2 的输入端口，在 X−Y 方式时，作为 Y 轴输入口
14	垂直位移（POSITION）	用以调节光迹在垂直方向的位置
15	通道 2 灵敏度选择开关	功能同 8
16	微调	功能同 9
17	水平位移（POSITION）	用以调节光迹在水平方向的位置
18	极性（SLOPE）	用以选择被测信号在上升沿或下降沿触发扫描
19	电平（LEVEL）	用以调节被测信号在变化至某一电平时触发扫描
20	扫描方式（SWEEPMODE）	选择产生扫描方式。自动（AUTO）：当无触发信号输入时，屏幕上显示扫描光迹，一旦有触发信号输入，电路自动转换为触发扫描状态，调节电平可使波形稳定地显示在屏幕上。此方式适合观察频率在 50Hz 以上的信号 常态（NORM）：无信号输入时，屏幕上无光迹显示；有信号输入时，且触发电平旋钮在合适的位置上，电路被触发扫描。当被测信号频率低于 50Hz 时，必须选择该方式 锁定：仪器工作在锁定状态后，无需调节电平即可使波形稳定的显示在屏幕上 单次：用于产生单次扫描，进入单次状态后，按动复位键，电路工作在单次扫描方式，扫描电路处于等待状态；当触发信号输入时，扫描只产生一次，下次扫描须再次按动复位键
21	触指标（TRIGD READY）	该指示灯具有两种功能指示：当仪器工作在非单次扫描方式时，该灯亮表示扫描电路工作在被触发状态；当仪器工作在单次扫描方式时，该灯亮表示扫描电路在准备状态，此时若有信号输入将产生一次扫描，指示灯随之熄灭

续表

序号	控制件名称	功能
22	扫描扩展指示	在按入"×5扩展"或"交替扩展"后指示灯亮
23	×5扩展	按入后扫描速度扩展5倍
24	交替扩展扫描	按入后，可同时显示原扫描时间和被扩展×5后的扫描时间（注：在扫描速度慢时，可能出现交替闪烁）
25	光迹分离	用于调节主扫描和扩展×5扫描后的扫描线的相对位置
26	扫描速率选择开关	根据被测信号的频率高低，选择合适的挡级。当扫描"微调"置校准位置时，可根据度盘的位置和波形在水平轴的距离读出被测信号的时间参数
27	微调（VARIABLE）	用于连续调节扫描速率，调节范围≥2.5倍。逆时针旋足为校准位置
28	慢扫描开头	用于观察低频脉冲信号
29	触发源 （TRIGGER SOURCE）	用于选择不同的触发源 第一组： 　CH1：在双踪显示时，触发信号来自CH1通道；单踪显示时，触发信号来自被显示的通道 　CH2：在双踪显示时，触发信号来自CH2通道；单踪显示时，触发信号来自被显示的通道 　交替：在双踪交替显示时，触发信号交替来自两个Y通道，此方式用于同时观察两路不相关的信号 　外接：触发信号来自外接输入端口 第二组： 　常态：用于一般信号的测量 　TV-V：用于观察电视场信号 　TV-H：用于观察电视行信号 　电源：用于与市电信号同步
30	AC/DC	外接触发信号的耦合方式，当选择外触发源，且信号频率很低时，应将开关置DC位置
31	外触发输入插座 （EXT INPUT）	当选择外触发方式时，触发信号由此端口输入
32	⊥	机壳接地端
33	电源输入变换开关	用于AC 220V或AC 110V电源转换，使用前请先根据市电电源选择位置（有些产品可能无此开关）
34	带保险丝电源插座	仪器电源埋线插口
35	电源50Hz输出	市电信号50Hz正弦输出，峰峰值幅度约2V
36	触发输出 （TRIGGER SIGNAL OUTPUT）	随触发选择输出约100mV/div的CH1或CH2通道输出信号，方便于外加频率计等
37	Z轴输入	亮度调制信号输入端口

3. 操作方法

（1）电源检查：YB43020双踪示波器电源电压为220V±10%。接通电源前，检查当地电源电压，如果不相符合，则严格禁止使用。

（2）面板的一般功能检查。

①将有关控制件按表 1.2.4 所列置位。

表 1.2.4　　　　　　　　　　有 关 控 制 件

控制件名称	作用位置	控制件名称	作用位置
亮度	居中	触发方式	峰值自动
聚焦	居中	扫描速率	0.5mS/div
位移	居中	极性	正
垂直方式	CH1	触发源	INT
灵敏度选择	10mV/div	内触发源	CH1
微调	校正位置	输入耦合	AC

②接通电源，电源指示灯亮，稍预热后，屏幕上出现扫描光迹，分别调节亮度、聚焦、辅助聚焦、迹线旋转、垂直和水平移位等控制件，使光迹清晰并与水平刻度平行。

③用 10∶1 探极将校正信号输入至 CH1 输入插座。

④调节示波器有关控制件，使荧光屏上显示稳定且易观察方波波形。

⑤将探极换至 CH2 输入插座，垂直方式置于"CH2"，内触发源置于"CH2"，重复④操作。

（3）垂直系统的操作。

①垂直方式的选择：当只须观察一路信号时，将"垂直方式"开关置于"CH1"或"CH2"，此时被选中1的通道有效，被测信号可从通道端口输入。当需要同时观察两路信号时，将"垂直方式"开关置于"交替"方式。该方式使两个通道的信号被交替显示，交替显示的频率受扫描周期控制。当扫速低于一定频率时，交替方式显示会出现闪烁，此时应将开关置于"断续"位置。当需要观察两路信号代数和时，将"垂直方式"开关置于"代数和"位置。在选择这种方式时，两个通道的衰减设置必须一致，CH2 移位处于常态时为 CH1＋CH2，CH2 移位拉出时为 CH1－CH2。

②输入耦合方式的选择：直流（DC）耦合适用于观察包含直流成分的被测信号，如信号的逻辑电平和静态信号的直流电平。当被测信号的频率很低时，也必须采用这种方式。

交流（AC）耦合：信号中的直流分量被隔断，用于观察信号中的交流分量，如观察较高直流电平上的小信号。

接地（GND）：通道输入端接地（｜输入信号断开），用于确定输入为零时光迹所处位置。

③灵敏度选择（V/div）的设定：按被测信号幅值的大小选择合适挡级。"灵敏度选择"开关外旋钮为粗调，中心旋钮为细调（微调）。微调旋钮按逆时针方向旋足至校正位置时，可根据粗条旋钮的示值（V/div）和波形在垂直轴方向上的格数读出被测信号伏值。

（4）触发源的选择。

①触发源的选择：当触发源开关置于"电源"触发，机内 50Hz 信号输入到触发电路。当触发源开关置于"常态"触发，有两种选择：一是"外触发"，由面板上外触发输入插座输入触发信号；另一种是"内触发"，由内触发源选择开关控制。

②内触发源选择

"CH1"触发：触发源取自通道1。

"CH2"触发：触发源取自通道2。

"交替触发"：触发源受垂直方式开关控制，当垂直方式开关置于"CH1"，触发源自动切换到通道1；当垂直方式开关置于"CH2"，触发源自动切换到通道2；当垂直方式开关置于"交替"，触发源与通道1、通道2同步切换，在这种状态使用时，两个不相关的信号其频率不应相差很大，同时垂直输入耦合应置于"AC"，触发方式应置于"自动"或"常态"。当垂直方式开关置于"断续"和"代数和"时，内触发源应置于"CH1"或"CH2"。

（5）水平系统的操作。

①扫描速度选择（t/div）的设定。按被测信号频率高低选择合适挡级，"扫描速度"开关外旋钮为粗调，中心旋钮为细调，微调旋钮按逆时针方向旋足至校正位置时，可根据粗调旋钮的示值（t/div）和波形在水平轴方向上的格数读出被测信号的时间参数。当需要观察波形的某一细节时，可进行水平扩展×10挡，此时原波形在水平轴方向上被扩展10倍。

②触发方式的选择。"常态"：无信号输入时，屏幕上无光迹显示；有信号输入时，触发电平调节在合适位置上，电路被触发扫描。当被测信号频率低于20Hz时，必须选择这种方式。

"自动"：无信号输入时，屏幕上有光迹显示；一旦有信号输入时，电平调节在合适位置上，电路自动转换到触发扫描状态，显示稳定的波形，当被测信号频率高于20Hz时，最常用这一种方式。

"电视场"：对电视信号中的场信号进行同步，如果是正极性，则可以由CH2输入，借助于CH2移位拉出，把正极性转变为负极性后测量。

"峰值自动"：这种方式同自动方式，但无需调节电平即能同步。它一般适用于正弦波、对称方波或占空比相差不大的脉冲波。对于频率较高的脉冲信号，有时也要借助于电平调节，它的触发同步灵敏度要比"常态"或"自动"稍低一些。

③"极性"的选择。用于选择被测试信号的上升沿或下降沿。

④"电平"的位置。用于调节被测信号在某一合适的电平上启动扫描，当产生触发扫描后，触发指示灯亮。

4. 测量电参数

（1）电压的测量：示波器的电压测量实际上是对所显示波形的幅度进行测量，测量时应使被测波形稳定地显示在屏幕中央，幅度一般不超过6div，以避免非线性失真造成的测量误差。

1）交流电压的测量。

①将信号输入至CH1或CH2插座，将垂直方式置于被选用的通道。

②将Y轴"灵敏度微调"旋钮置校准位置，调整示波器有关控制件，使屏幕上显示稳定、易观察的波形，则交流电压幅值为

$$VP\text{-}P=垂直方向格数（div）\times 垂直偏转因数（V/div）$$

2）直流电平的测量。

①设置面板控制件，使屏幕显示扫描基线。

②设置被选用通道的输入耦合方式为"GND"。

③调节垂直移位，将扫描基线调至合适位置，作为零电平基准线。

④将"灵敏度微调"旋钮置校准位置，输入耦合方式置"DC"，被测电平由相应Y输入

端输入，这时扫描基线将偏移，读出扫描基线在垂直方向偏移的格数（div），则被测电平为

$$V = 垂直方向偏移格数（div）\times 垂直偏转因数（V/div）\times 偏转方向（+或-）$$

式中，基线向上偏移取正号，基线向下偏移取负号。

（2）时间测量。时间测量是指对脉冲波形的宽度、周期、边沿时间及两个信号波形间的时间间隔（相位差）等参数的测量。一般要求被测部分在屏幕 X 轴方向应占（4～6）div。

1）时间间隔的测量：对于一个波形中两点间的时间间隔的测量，测量时先将"扫描微调"旋钮置校准位置，调整示波器有关控制件，使屏幕上波形在 X 轴方向大小适中，读出波形中需测量两点间水平方向格数，则时间间隔

$$\Delta t = 两点之间水平方向格数（div）\times 扫描时间因数（t/div）$$

2）脉冲边沿时间的测量：上升（或下降）时间的测量方法和时间间隔的测量方法一样，只不过是测量被测波形满幅度的 10% 和 90% 两点之间的水平方向距离，如图 1.2.15 所示。

用示波器观察脉冲波形的上升边沿、下降边沿时，必须合理选择示波器的触发极性（用触发极性开关控制）。显示波形的上升边沿用"+"极性触发，显示波形下降边沿用"-"极性触发。如波形的上升沿或下降沿较快则可将水平扩展×10，使波形在水平方向上扩展 10 倍，则上升（或下降）时间为

$$t_r（或 t_f）= \frac{水平方向格数（div）\times 扫描时间因数（t/div）}{水平扩展倍数}$$

3）相位差的测量。

①参考信号和一个待比较信号分别馈入"CH1"和"CH2"输入插座。

②根据信号频率，将垂直方式置于"交替"或"断续"。

③设置内触发源至参考信号那个通道。

④将 CH1 和 CH2 输入耦合方式置"⊥"，调节 CH1、CH2 移位旋钮，使两条扫描基线重合。

⑤将 CH1、CH2 耦合方式开关置于"AC"，调整有关控制件，使荧光屏显示大小适中，便于观察两路信号，如图 1.2.16 所示。读出两波形水平方向差距格数 D 及信号周期所占格数 T，则相位差为 $\theta = \frac{D}{T}\times 360°$。

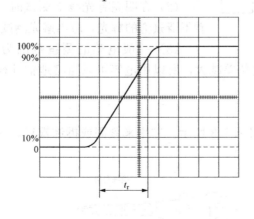

图 1.2.15　上升时间的测量

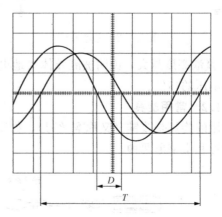

图 1.2.16　相位差的测量

第3章 电工工具及安全用电

第1节 常用电工工具及使用方法

3.1.1 低压验电器

验电器又叫电压指示器，是用来检查导线和电器设备是否带电的工具。验电器分为高压验电器和低压验电器两种。

1. 低压验电器的结构及使用方法

常用的低压验电器是验电笔，又称试电笔，简称电笔。电笔检测电压范围一般为 $60\sim500V$，常做成钢笔式或改锥式，是用来区分电源的相线和中线，检查低压导电设备外壳是否带电的辅助安全工具。电笔主要由氖泡和大于 $10M\Omega$ 的碳电阻构成。其外形如图 1.3.1 所示。

图 1.3.1 测电笔外形

(a) 螺丝刀式；(b) 钢笔式

电笔的氖泡两端所加电压达 $60\sim65V$ 时，将产生辉光放电现象，发出红色光亮。使用者站在地上，用手握住电笔笔帽的导体部分，这时人体、地、试电笔构成一个回路，如果被测电压达到氖泡的启辉电压，氖泡发光，电流在包括人体的回路中流通，原理如图 1.3.2 所示。

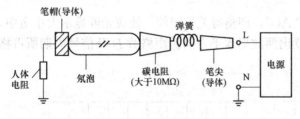

图 1.3.2 电笔原理

2. 低压验电器的使用注意事项

（1）测试带电体前，要先测试已知有电的电源，以检查电笔中的氖泡能否正常发光。

（2）在明亮有光线下测试时，往往看不清氖泡的辉光，应当避光测试。

（3）一般电笔的测量范围为 $60\sim500V$，氖泡亮度越大，说明被测导体对地电位差越大，所以用电笔可以粗略地估计被测导体对地电压的高低。

3.1.2 常用旋具

常用的旋具是改锥（又称螺丝刀），如图 1.3.3 所示。它用来紧固或拆卸螺钉，一般分为一字形和十字形两种。

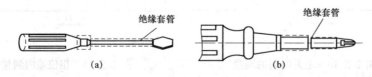

图 1.3.3 改锥

(a) 一字形改锥；(b) 十字形改锥

1. 一字形改锥

一字形改锥规格用柄部以外的长度表示，常用的有 100，150，200，300，400mm 等。

2. 十字形改锥

十字形改锥又称梅花改锥，一般分为Ⅰ、Ⅱ、Ⅲ、Ⅳ4 种型号，分别适用于直径为 2～
2.5mm、3～5mm、6～8mm、10～12mm 的螺钉。

3. 多用改锥

多用改锥是一种组合式工具，既可作改锥使用，又可作低压验电器使用，此外还可用来
进行锥、钻、锯、扳等。它的柄部和螺钉旋具是可以拆卸的，并附有规格不同的螺钉旋具、
三棱锥体、金力钻头、锯片、锉刀等附件。

使用螺钉旋具时注意以下几点：

（1）电工不可使用金属杆直通柄顶的螺钉旋具，易造成触电事故。

（2）使用时，手不得触及螺丝刀的金属杆，以免发生触电事故。使用大螺钉旋具时，除
大小拇指、食指和中指要夹住握柄外，手掌还要顶住柄的末端，以防旋转时滑脱。使用小螺
钉旋具时，可用大拇指和中指夹着握柄，用食指顶住柄的末端捻旋。

（3）为避免螺钉旋具的金属杆触及皮肤或邻近带电体，应在金属杆上穿套绝缘管。

3.1.3　电工刀的使用

电工刀是用来剖削电线绝缘层、切割电工器材的常用工具，其外形如图 1.3.4 所示。电
工刀在使用时，应将刀口向外，剖削导线绝缘层时，
应将刀面与导线成小于 45° 的锐角，以免割伤导线。
由于电工刀刀柄无绝缘保护，所以不能在带电导线或
器材上剖削。电工刀用毕，应将刀身折进刀柄。

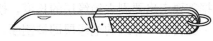

图 1.3.4　电工刀

3.1.4　电工钳

1. 钢丝钳

钢丝钳是一种夹持或折断金属薄片，切断金属丝的工具。电工用钢丝钳的柄部套有绝缘
套管（耐压 500V），其规格用钢丝钳全长的毫米数表示，常用的有 150、175、200mm 等。
钢丝钳的构造及应用如图 1.3.5 所示。

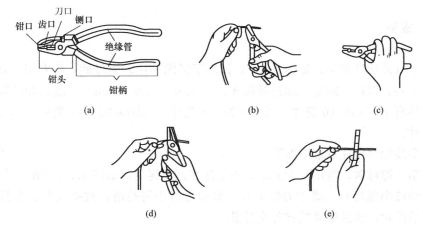

图 1.3.5　钢丝钳的构造及应用

（a）构造；（b）弯绞导线；（c）紧固螺母；（d）剪切导线；（e）铡切钢丝

钢丝钳使用注意事项如下

（1）使用电工钢丝钳以前，必须检查绝缘柄的绝缘是否完好。如果绝缘损坏，进行带电作业时会发生触电事故。

（2）用电工钢丝钳剪切带电导线时，不得用刀口同时剪切相线和零线，或同时剪切两根相线，以免发生短路故障。

（3）钳头不可代替手锤作为敲打工具使用。

（4）钳头应防锈，轴销处应经常加机油润滑，以保证使用灵活。

2. 尖嘴钳

尖嘴钳（见图1.3.6）的头部"尖细"，用法与钢丝钳相似，其特点是适合于在狭小的工作空间操作，能夹持较小的螺钉、垫圈、导线及电器元件。在安装控制线路时，尖嘴钳能将单股导线弯成接线端子（线鼻子），有刀口的尖嘴钳还可剪断导线、剥削绝缘层。

3. 断线钳和剥线钳

断线钳 ［见图1.3.7（a）］的头部"扁斜"，因此又叫斜口钳、扁嘴钳或剪线钳，是专供剪断较粗的金属丝、线材及导线、电缆等用的。它的柄部有铁柄、管柄、绝缘柄之分，绝缘柄耐压为1000V。

剥线钳 ［见图1.3.7（b）］是用来剥落小直径导线绝缘层的专用工具。它的钳口部分设有几个刃口，用以剥落不同线径的导线绝缘层。其柄部是绝缘的，耐压为500V。使用时，根据需要定出要剥去绝缘层的长度，按导线心线的直径大小，将其放入剥线钳相应切口，用力一握钳柄，导线的绝缘层即被割断，同时自动弹出。

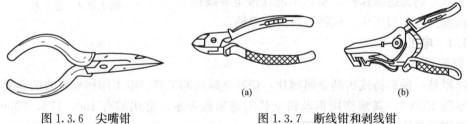

图1.3.6 尖嘴钳   图1.3.7 断线钳和剥线钳

（a）断线钳；（b）剥线钳

3.1.5 扳手

1. 活动扳手

活动扳手（简称活扳手，见图1.3.8）是用于紧固和松动螺母的一种专用工具，主要由活扳唇、呆扳唇、扳口、蜗轮、轴销等构成，其规格以长度（mm）×最大开口宽度（mm）表示，常用的有150×19（6英寸）、200×24（8英寸）、250×30（10英寸）、300×36（12英寸）等几种。

活络扳手使用时要注意事项如下

（1）扳动大螺母时，需用较大力矩，手应握在近柄尾处，如图1.3.8（b）所示。

（2）扳动较小螺母时，需用力矩不大，但螺母过小易打滑，故手应握在接近头部的地方，随时调节蜗轮，收紧活络扳唇防止打滑。

（3）活络扳手不可反用，以免损坏活络扳唇，也不可用钢管接长手柄来施加较大的扳拧力矩。

（4）活络扳手不得当做撬棒和手锤使用。

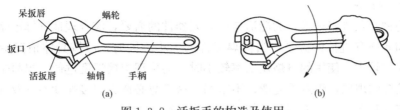

图 1.3.8 活扳手的构造及使用

（a）构造；（b）使用

2. 固定扳手

固定扳手（简称呆扳手）的扳口为固定口径，不能调整，但使用时不易打滑。

3.1.6 电烙铁

电烙铁是手工焊接的重要工具。电烙铁的种类较多，有内热式、外热式、恒温式、吸焊式、感应式等。最常用的是内热式和外热式两种。

1. 外热式电烙铁

外热式电烙铁通电发热后，其热量从外向内传到烙铁头上，从而使烙铁头升温，故称为外热式电烙铁。如图 1.3.9 所示。

外热式电烙铁的规格很多，常用的有 25W、45W、75W、100W、150W 等几种。电烙铁的功率越大，其烙铁头的温度就越高。

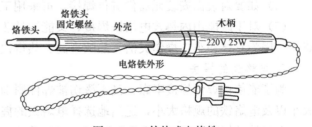

图 1.3.9 外热式电烙铁

2. 内热式电烙铁

内热式电烙铁的烙铁心安装在烙铁头里面，通电发热后，其热量从内直接传到烙铁头上，从而使烙铁头升温。

内热式电烙铁与外热式电烙铁相比有质量轻、热得快、耗电省、热效率高、体积小的优势，故是手工焊接的首选，并得到了普遍的应用。

内热式电烙铁常用的规格有 20W、30W、50W 等几种。由于它的热效率较高，故 20W 内热式电烙铁就与使用 40W 左右的外热式电烙铁的效果一样。

内热式电烙铁头的一端是空心的，用于套接连杆，为能与连杆套接牢固，便用弹簧夹固定，如图 1.3.10 所示。当需要更换烙铁头时，必须先将弹簧夹退出，同时用钳子夹住烙铁头的前端，慢慢地退出，切记不能用力过猛，以免损坏连接杆。

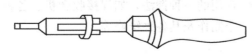

图 1.3.10 内热式电烙铁

内热式电烙铁的烙铁芯是用比较细的镍铬电阻丝绕在瓷管上制成的，20W 的电烙铁其电阻值约为 2.5kΩ，烙铁的温度一般可达 350℃左右。由于烙铁芯是由瓷管构成的，为确保其不被损坏，应尽可能避免被摔在地上。又由于镍铬电阻丝比较细，通电时间较长时就容易被烧断，故在使用时应注意一次性通电时间不能太长。

3. 吸锡电烙铁

吸锡电烙铁是将活塞式吸锡器与电烙铁熔为一体的拆焊工具，它具有使用方便、灵活、适用范围宽等特点。这种吸锡电烙铁的不足之处是每次只能对一个焊点进行拆焊。

4．电烙铁的选用

电烙铁的种类及规格很多，为能适应所焊元器件的需要，应合理地选择电烙铁，这对提高焊接质量和效率有直接的关系。当被焊工件的大小不同时，应按具体情况给以合适的选择。如果被焊件较大，使用的电烙铁功率较小时，会出现焊接温度过低，焊料熔化较慢，焊剂不能正常发挥的现象，焊点不光滑、不牢固，这样势必造成焊接强度不够及外观质量不合格的焊点，有的甚至焊料不能熔化，使焊接无法进行。

如果电烙铁的功率太大，则使过多的热量传递到被焊工件上面，使元器件的焊点过热、温升过快，造成元器件的损坏。

电烙铁的选择可以从以下几个方面进行考虑：

（1）焊接集成电路、晶体管及受热易损件时，应选用 20W 的内热式电烙铁或 25W 的外热式电烙铁。

（2）焊接导线及同轴电缆、机壳底板等时，应选用 45～75W 的外热式电烙铁或 50W 的内热式电烙铁。

（3）焊接较大元器件时，如输出变压器的引脚、大电解电容的引脚及大面积公共地线，应选用 75～100W 的电烙铁。

（4）如要对表面安装元器件进行焊接，可采用工作时间长而温度较稳定的恒温电烙铁。

（5）对于既能用内热式电烙铁焊接，又能用外热式电烙铁焊接的焊点，应首选内热式电烙铁。因为它体积小、操作灵活、热效率高、热得快，使用起来方便快捷。

5．电烙铁的握法

为了能使被焊件焊接牢靠，又不烫伤被焊件周围的元器件及导线，要根据被焊件的位置大小以及电烙铁的规格大小，适当地选择电烙铁的握法。

电烙铁的握法可分为三种，如图 1.3.11 所示。其中图 1.3.11（a）所示为反握法，该握法用五指把电烙铁的手柄握在掌内。它适用于大功率电烙铁的操作，焊接散热量较大的被焊件，而且不易感到疲劳。图 1.3.11（b）所示为正握法，使用此法的电烙铁的功率也比较大，且多为弯头形电烙铁。图 1.3.11（c）所示为握笔法。此种握法与握笔的方法相同，适用于小功率的电烙铁（35W 以下），焊接散热量小的被焊件。它是印制电路板焊接中最常用的一种握法，如焊接收音机、各种小制作及其各种维修等。

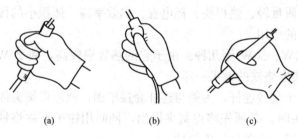

图 1.3.11　电烙铁握法
(a) 反握法；(b) 正握法；(c) 握笔法

第 2 节　安　全　用　电

3.2.1　保护接地与保护接零

随着科学技术和电力工业的飞速发展，电能的使用日趋广泛。从生产到人们的日常生活时时处处几乎都离不开电，电能已经成为人类不可缺少的能源。但在使用过程中，如果不注意安全，就有可能造成人身伤亡或电气设备损坏事故，甚至危及电力系统，造成电力系统停电，使国家财产遭受重大损失，给社会造成重大影响。所以，为保证人身、设备（电气设备）、系统（电力系统）三方面的安全，在用电的同时，必须把安全用电放在首位。

电力系统中有一些设备，如电机、变压器的底座或外壳、配电装置的金属框架以及家用电器的金属底座和外壳等，在正常情况下是不带电的。若绝缘损坏、碰壳短路或发生其他故障时，它们都可能带电。为了保证电气设备的可靠运行和人身安全，不论在发电、供电、变电、配电、用电等场所都需要有符合规定的保护接地或接零。

1. 保护接地和保护接零的方式及作用范围

接地是利用大地为正常运行、发生故障及遭受雷击等情况下的电气设备等提供对地电流构成回路的需要，从而保证电气设备和人身的安全。保护接地和保护接零的方式有下面的几种，如图 1.3.12 所示，它们的具体作用也有所不同。

（1）保护接地。

保护接地方式将电气设备不带电的金属外壳和同金属外壳相连接的金属构架用导线与接地体电器可靠地连接在一起。

（2）工作接地。

为了保证电气设备的正常工作，将电力系统中的某一点（通常是中性点）直接用接地装置与大地可靠地连接起来就称为工作接地。

（3）重复接地。

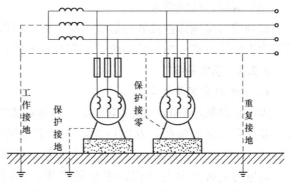

图 1.3.12　保护接地、工作接地、重复接地及保护接零示意

三相四线制的零线（或中性点）一处或多处经接地装置与大地再次可靠连接，称为重复接地。

（4）保护接零。

在中性点接地的三相四线制系统中，将电气设备的金属外壳、框架等与中性线可靠连接，称为保护接零。

2. 电气设备的接地范围

根据安全规程规定，下列电气设备的金属外壳应该接地或接零。

（1）电机、变压器、电器、照明器具、携带式及移动式用电器具等的底座和外壳，如手电钻、电冰箱、电风扇、洗衣机等。

（2）交流、直流电力电缆的接线盒，终端头的金属外壳，电线、电缆的金属外皮，控制电缆的金属外皮，穿线的钢管；电力设备的传动装置，互感器二次绕组的一个端子及铁芯。

（3）配电屏与控制屏的框架，室内外配电装置的金属构架和钢筋混凝土构架，安装在配电线路杆上的开关设备、电容器等电力设备的金属外壳。

（4）在非沥青路面的居民区中，高压架空线路的金属杆塔、钢筋混凝土杆，中性点非直接接地的低压电网中的铁杆、钢筋混凝土杆，装有避雷线的电力线路杆塔。

（5）避雷针、避雷器、避雷线和角形间隙等。

3. 接地装置

（1）接地装置的组成。接地装置由接地体和接地线组成。接地体可分为人工接地体和自然接地体。

（2）对接地装置的要求。

为了保证接地装置起到安全保护作用，一般接地装置应满足两方面要求：

1）接地电阻应达到规定值：①低压电气设备接地装置的接地电阻不宜超过 4Ω。②低压线路零线每一重复接地装置的接地电阻不应大于 10Ω。③在接地电阻允许达到 10Ω 的电力网中，每一重复接地装置的接地电阻不应超过 30Ω，但重复接地不应少于 3 处。

2）接地体的敷设方式：埋设人工接地体前，应尽量考虑利用自然接地体。与大地有可靠连接的自然接地体，如配线的钢管、自来水管和建筑物的金属构架等，在接地电阻符合要求时，一般不另敷设人工接地体，但发电厂、变电所除外。

（3）对接地线的要求

接地线与接地体连接处一般应焊接。如采用搭接焊，其搭接长度必须为扁钢宽度的 2 倍或圆钢直径的 6 倍。如焊接困难，可用螺栓连接，但应采取可靠的防锈措施。

3.2.2 防雷保护

1. 雷电的危害及种类

雷电是自然界中的一种放电现象。当雷电发生时，放电电流使空气燃烧出一道强烈火花，并使空气猛烈膨胀，发出巨大响声。雷电放电时间仅约 $50\sim100\mu s$，但放电陡度可达 $50kA/\mu s$。雷电的特点是：时间短，电流强，频率高，感应或冲击电压大。

雷电的危害主要有直接雷引起的危害；感应雷引起的危害；雷电侵入波引起的危害 3 种。

2. 防雷措施

（1）装设避雷线、避雷针。

（2）装设避雷器或保护间隙。

3. 安装避雷针时的注意事项

（1）在地上，由独立避雷针配电装置的导电部分间，以及到变电所电气设备与构架接地部分间的空间距离一般不小于 5m。

（2）在地下，独立避雷针本身的接地装置与变电站接地网间最近的地中距离一般不小于 3m。

（3）独立避雷针的接地电阻一般应不大于 10Ω。

（4）由避雷针接地线的入地点到主变压器接地线的入地点，沿接地线接地体的距离不应小于 15m，以防避雷针放电时击穿变压器的低压侧线圈。

（5）为防止雷击避雷针时雷电波沿电线传入室内，危及人身安全，照明线或电话线不要架设在独立避雷针上。

（6）独立避雷针及其接地装置不应装设在人、畜经常通行的地方，距离道路应不小于 3m，否则应采取均压措施，或铺设厚度为 $50\sim80mm$ 的沥青加碎石层。

3.2.3 电流的伤害及安全用电的措施

1. 电流对人体的伤害

当电流通过人体时，电流会对人体产生热效应、化学效应以及刺激作用等生物效应，影响人体的功能，严重时，可损伤人体，甚至危及人的生命。电流的刺激作用对心脏影响最大，常会引起心室纤维性颤动，导致心跳停止而死亡。大多数触电死亡是由于心室纤维性颤动而造成的。

（1）电流伤害的类型。电流对人体的伤害，一般分为电击伤与电灼伤两种类型。

电击伤：电流流过人体时造成的人体内部的伤害。主要是破坏人的心脏、肺及神经系统的正常工作。电击的危险性最大，一般死亡事故都是电击造成的。

电灼伤：指电弧对人体外表造成的伤害。主要是局部的热、光效应，轻者只见皮肤灼伤，严重者的灼伤面积大并可深达肌肉、骨骼。常见的有灼伤、烙伤和皮肤金属化等，严重时也可危及人的生命。

（2）电流大小对人体的影响。不同大小的电流对人体造成的影响不同。

感觉电流：指引起人的感觉的最小电流。直流一般为 5mA，工频交流一般为男性 1.1mA，女性 0.7mA。

摆脱电流：指人体触电后能自主摆脱电源的最大电流。平均摆脱电流，成年男性约为 16mA（工频）以下，成年女性约为 10mA（工频）以下，直流约为 50mA。

致命电流：指在较短的时间内危及生命的最小电流。一般情况下，通过人体的工频电流超过 50mA，心脏会停止跳动，引发昏迷并出现致命的电灼伤；工频电流超过 100mA，很快使人致命。

安全电流：我国规定安全电流为 30mA（工频），但触电时间不超过 1s。

（3）通电时间对人体的影响。通电时间越长，人体电阻因出汗等原因降低，导致通过人体的电流增加，触电的危险性也随之增加。人体心脏每收缩扩张一次，中间约有 0.1s 的间隙，此时心脏对电流最敏感，如果通电时间超过 1s（心脏每跳动一次约 0.8s），则必然与心脏最敏感的间隙重合，危害很大。

（4）触电电流在人体内流过的路径影响。电流在人体内流过的路径，对人体触电的严重性有密切关系。电流流过人体的心脏等重要部位时，触电的严重性最大，例如：电流从左手流到右脚，触电的严重性最大，而电流从一只脚流到另一只脚的触电严重性相对来说较小。当电流在同一只手的两指之间流通时，也会产生失去知觉的现象，因此，不能认为局部触电不存在危险。

（5）人体电阻的影响。人体的内部阻抗主要是电阻性的，人体电阻由皮肤电阻以及脂肪、肌肉、骨骼、血液等内部组织电阻组成，其值主要由电流通路决定。一般情况下，人体电阻为 1000Ω 左右。影响人体电阻的因素很多。若皮肤较厚，则电阻相对较大；若皮肤较潮湿，接触面积大，则电阻相对较小。另外，皮肤损伤、皮肤粘有导电性粉尘、通电时间长等因素也会使人体电阻变小。

（6）电压大小的影响。触电导致人体伤害的主要原因是电流，电流的大小又取决于电压的大小与人体电阻，而人体电阻的变化相对较小，所以通常人们把 36V 电压定为接触安全电压，36V 以上为危险电压。当电压大于 100V 时，危险性急剧增加，大于 200V 时对人的生命产生危险。

2. 人身触电的类型

根据电流通过人体的路径和触及带电体的方式，一般可将触电分为单相触电、两相触电和跨步电压触电等。

(1) 单相触电。当人体某一部位与大地接触，另一部位与一相带电体接触所致的触电事故称单相触电，如图 1.3.13 所示。

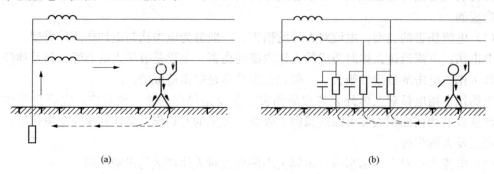

(a)　　　　　　　　　　　　　　　　　　(b)

图 1.3.13　单相触电

(a) 中性点直接接地；(b) 中性点不直接接地

(2) 两相触电。发生触电时，人体的不同部位同时触及两相带电体，称两相触电。两相触电时，相与相之间以人体作为负载形成回路电流，如图 1.3.14 所示。此时，流过人体的电流大小完全取决于电流路径和供电电网的电压。

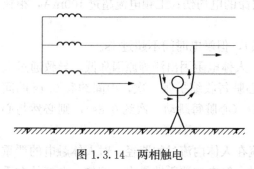

图 1.3.14　两相触电

(3) 跨步电压触电。当输电线出现断线故障，输电线掉落到地上时，导致以此电线落地点为圆心，输电线周围地面产生一个相当大的电场，离圆心越近电压越高，离圆心越远则电压越低。在距电线 1m 以内的范围内，约有 68% 的电压降；在 2～10m 的范围内，约有 24% 的电压降；在 11～20m 向范围内，约有 8% 的电压降，离电线 20m 外，对地电压基本为零。

当人走进距圆心 10m 以内，双脚迈开时（约 0.8m），势必出现电位差，这就称为跨步电压，如图 1.3.15 所示。电流从电位高的一脚进入，由电压低的一脚流出，流过人体而使人触电。人体触及跨步电压而造成的触电，称跨步电压触电。

跨步电压触电时，电流仅通过身体下半部及两下肢，基本上不通过人体的重要器官，故一般不危及人体生命，但人体感觉相当明显。当跨步电压较高时，流过两下肢电流较大，易导致两下肢肌肉强烈收缩，此时如身体重心不稳，极易跌倒而造成电流流过人体的重要器官（心脏等），引起人员死亡事故。

(4) 接触电压触电。运行中的电气设备由于绝缘损坏或其他原因造成接地短路故障时，接地电流通过接地点向大地流散，会在以接地故障点为中心，20m 为半径的范围内形成分布电位，当人触及漏电设备外壳时，电流通过人体和大地形成回路，造成触电事故，这称为接触电压触电。这时加在人体两点的电位差即接触电压 U_j（按水平距离 0.8m，垂直距离 1.8m 考虑），如图 1.3.15 所示。

(5) 感应电压触电。当人触及带有感应电压的设备和线路时所造成的触电事故称为感应电压触电。

(6) 剩余电荷触电。剩余电荷触电是指当人触及带有剩余电荷的设备时，带有电荷的设

备对人体放电造成的触电事故。设备带有剩余
电荷，通常是由于检修人员在检修中摇表测量
停电后的并联电容器、电力电缆、电力变压器
及大容量电动机等设备时，检修前、后没有对
其充分放电所造成的。

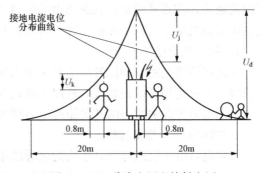

图 1.3.15　跨步电压和接触电压

　　3. 触电事故产生的原因

　　产生触电事故主要有以下原因：

　　(1) 缺乏用电常识，触及带电的导线。

　　(2) 没有遵守操作规程，人体直接与带电
体部分接触。

　　(3) 由于用电设备管理不当，使绝缘损坏，发生漏电，人体碰触漏电设备外壳。

　　(4) 高压线路落地，造成跨步电压引起对人体的伤害。

　　(5) 检修中，安全组织措施和安全技术措施不完善，接线错误，造成触电事故。

　　(6) 其他偶然因素，如人体受雷击等。

　　4. 触电对人体伤害的临床表现

　　轻型：精神紧张、面色苍白、触电处麻痛、呼吸心跳加速、头晕、惊吓，敏感的人可发
生休克，倒在地上，但很快恢复。

　　重型：触电后即出现心跳呼吸的变化。初时呼吸浅快、心跳快、心律不齐、肌肉抽搐、
昏迷、血压下降。如不及时脱离电源，很快呼吸不规则以至停止，心律失常至心室颤动，数
分钟后心脏停搏而死亡。

　　重型触电时，较大的电流还可使肌肉痉挛性收缩，如累及呼吸肌可当即窒息而死。然
而，有一些触电者的心跳、呼吸停止并非已经死亡，而只是受到电流刺激所致，无严重的器
质性病变发生。像这样的触电者，如果及时运用正确、有效的方法抢救，就有可能将其救
活，这类情况称为"假死"。处于"假死"状态的触电者均失去知觉、面色苍白、瞳孔放大、
心跳和呼吸停止。"假死"的临床的表现可分为三种类型：

　　(1) 心跳停止，但呼吸尚存在。

　　(2) 呼吸停止，心跳尚存在。

　　(3) 心跳、呼吸均停止。

　　有心跳无呼吸或者有呼吸无心跳的情况只是暂时的，如果不及时抢救就会导致心跳、呼
吸全停止。

　　触电造成的"假死"，一般都是即时发生，但也有个别触电者可在触电后延迟一段时间
（几秒至几天）而突然出现"假死"，最终导致死亡。

　　触电的并发症还有失明、耳聋、精神异常、肢体瘫痪、出血、外伤或骨折、继发感染等。

　　5. 触电急救措施

　　触电的现场急救是抢救触电者的关键。当发现有人触电时，现场人员必需当机立断，用
最快的速度，以正确的方法，使触电者脱离电源，然后根据触电者的临床表现，立即进行现
场救护。如果触电者呼吸停止，心脏也不跳动，但无明显的致命外伤，只能认为是"假死"，
必须立即进行救护，分秒必争，使一些触电"假死"者获救。正确的触电急救方法如下：

　　(1) 迅速脱离电源。触电急救，首先要使触电者迅速脱离电源，越快越好。因为电流作

用时间越长，伤害就越重。在脱离电源的过程中，救护人员既要救人，也要注意保护自己。使触电者脱离电源有以下几种方法，可根据具体情况选择采用。

1）脱离低压电源的方法。

①迅速切断电源，如拉开电源开关或刀闸开关。但应注意，普通拉线开关只能切断一相电源线，不一定切断的是相线，所以不能认为已切断了电源线。

②如果电源开关或刀闸开关距触电者较远时，可用带有绝缘柄的电工钳或有干燥木柄的斧头、铁锹等将电源线切断。

③触电者由于肌肉痉挛，手指握紧导线不放松或导线缠绕在身上时，可首先用干燥的木板塞进触电者的身下，使其与地绝缘来隔断电源，然后再采取其他办法切断电源。

④导线搭落在触电者身上或压在身下时，可用干燥的木棒、竹竿挑开导线或用干燥的绝缘绳索套拉导线或触电者，使其脱离电源，如图 1.3.16 所示。

⑤救护者可用一只手戴上绝缘手套或站在干燥的木板、木桌椅等绝缘物上，用一只手将触电者拉脱电源，如图 1.3.17 所示。

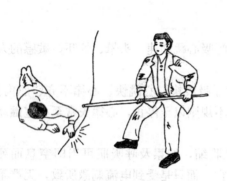

图 1.3.16　用木棍挑开电线

图 1.3.17　用一只手拉触电人干燥的衣服

2）脱离高压电源的方法。

①立即通知有关部门停电。

②戴上绝缘手套，穿上绝缘靴，拉开高压断路器或用相应电压等级的绝缘工具拉开高压跌落式熔断器。

③抛掷裸金属软导线，造成线路短路，迫使保护装置动作，切断电源。

3）触电者脱离电源时的注意事项。

①救护人员不得使用金属或其他潮湿的物品作为救护工具。

②未采取任何绝缘措施，救护人员不得直接与触电者的皮肤和潮湿衣服接触。

③防止触电者脱离电源后可能出现的摔伤事故。

（2）现场救护。

触电者脱离电源后，应立即就近移至干燥通风的场所，进行现场救护。同时，通知医务人员到现场并做好送往医院的准备工作。现场救护可按以下办法进行处理。

1）触电者所受伤害不太严重，神志清醒，只是有些心慌、四肢发麻，全身无力，一度昏迷，但未失去知觉，此时，应使触电者静卧休息，不要走动。同时严密观察，请医生前来或送医院诊治。

2）触电者失去知觉，但呼吸和心跳正常。此时，应使触电者舒适平卧，四周不要围人，保持空气流通，可解开其衣服以利呼吸，同时请医生前来或送医院诊治。

3）触电者失去知觉，且呼吸和心跳均不正常。此时，应迅速对触电者进行人工呼吸或胸外心脏按压，帮助其恢复呼吸功能，并请医生前来或送医院诊治。

4）触电者呈"假死"症状，若呼吸停止，应立即进行人工呼吸。

人工呼吸法有俯卧压背法、仰卧压胸法，以及口对口吹气法，而其中口对口吹气法换气量最大，效果最好。口对口吹气法人工呼吸操作如下：

①迅速解开触电人的衣服、裤带，松开上身的衣服、护胸罩和围巾等，使其胸部能自由扩张，不妨碍呼吸。

②使触电人仰卧，不垫枕头，头先侧向一边清除其口腔内的血块、假牙及其他异物等。

③救护人员位于触电人头部的左边或右边，用一只手捏紧其鼻孔，不使漏气，另一只手将其下巴拉向前下方，使其嘴巴张开，嘴上可盖上一层纱布，准备接受吹气。

④救护人员做深呼吸后，紧贴触电人的嘴巴，向他大口吹气。同时观察触电人胸部隆起的程度，一般应以胸部略有起伏为宜。

⑤救护人员吹气至需换气时，应立即离开触电人的嘴巴，并放松触电人的鼻子，让其自由排气。这时应注意观察触电人胸部的复原情况，倾听口鼻处有无呼吸声，从而检查呼吸是否阻塞，如图 1.3.18 所示。

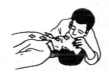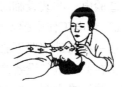

图 1.3.18　人工呼吸法

5）若心脏停止跳动，应立即进行胸外心脏按压（如图 1.3.19），胸外挤压心脏的具体操作步骤如下：

①解开触电人的衣裤，清除口腔内异物，使其胸部能自由扩张。

②使触电人仰卧，姿势与口对口吹气法相同，但背部着地处的地面必须牢固。

③救护人员位于触电人一边，最好是跨跪在触电人的腰部，将一只手的掌根放在心窝稍高一点的地方（掌根放在胸骨的下三分之一部位），中指指尖对准锁骨间凹陷处边缘，如图 1.3.19（a）和（b）所示，另一只手压在这只手上，呈两手交叠状（对儿童可用一只手）。

④救护人员找到触电人的正确压点，自上而下，垂直均衡地用力挤压，如图 1.3.19（c）和（d）所示，压出心脏里面的血液，注意用力适当。

⑤挤压后，手掌根迅速放松（但手掌不要离开胸部），使触电人胸部自动复原，心脏扩张，血液又回到心脏。

图 1.3.19　胸外心脏按压

　　若触电人伤害得相当严重，心脏和呼吸都已停止，人完全失去知觉，则需同时采用人工呼吸和胸外心脏挤压法。如果现场仅有一个人抢救，可交替使用这两种方法，先胸外挤压心脏4～6次，然后口对口呼吸2～3次，再挤压心脏，反复循环进行操作。现场救护工作应做到医生来前不等待，送医院途中不中断，否则，触电者将很快死亡。

　　6）对于电伤和摔伤造成的局部外伤，在现场救护中也应作适当处理，防止触电者伤情加重。

　　6. 安全用电的措施

　　（1）组织措施。

　　1）在电气设备的设计、制造、安装、运行、使用和维护以及专用保护装置的配置等环中，要严格遵守国家规定的标准和法规。

　　2）加强安全教育，普及安全用电知识。

　　3）建立健全安全规章制度，如安全操作规程、电气安装规程、运行管理规程、维护检修制度等，并在实际工作中严格执行。

　　（2）技术措施。

　　1）停电工作中的安全措施。

　　在线路上作业或检修设备时，应在停电后进行，并采取下列安全技术措施：①切断电源。②验电。③装设临时地线。

　　2）带电工作中的安全措施。

　　在一些特殊情况下必须带电工作时，应严格按照带电工作的安全规定进行。

　　①在低压电气设备或线路上进行带电工作时，应使用合格的、有绝缘手柄的工具，穿绝缘鞋，戴绝缘手套，并站在干燥的绝缘物体上，同时派专人监护。

　　②对工作中可能碰触到的其他带电体及接地物体，应使用绝缘物隔开，防止相间短路和接地短路。

　　③检修带电线路时，应分清相线和地线。

　　④高、低压线同杆架设时，检修人员离高压线的距离要符合安全距离。

　　3）对电气设备采取的预防安全措施。

　　①电气设备的金属外壳要采取保护接地或接零。

　　②安装自动断电装置。

　　③尽可能采用安全电压。

　　④保证电气设备具有良好的绝缘性能。

　　⑤采用电气安全用具。

　　⑥设立屏护装置。

　　⑦保证人或物与带电体的安全距离。

　　⑧定期检查用电设备。

　　7. 触电预防

　　触电事故直接危及人身安全。因此安全用电的主要任务即在于防止触电事故的发生。针对触电事故发生的原因及规律，采取有效措施、建立健全各种安全操作规程和安全管理制度、宣传和普及安全用电的基本知识等，使操作者在此基础上防患于未然，以确保人身安全。

第二部分　电工技术实验

实验一　万用表使用和常用电子元器件的检测

一、实验目的

(1) 练习数字万用表使用方法。

(2) 掌握常用电工电子元器件检测与测量方法。

二、实验原理

数字万用表是多用途测量仪表，除了可以进行电压、电流等电量测量外，还可以实现电阻、电容、电位器、二极管、三极管等元器件的测量与好坏检测。

三、实验设备

实验设备如表 2.1.1 所示。

表 2.1.1　　　　　　　　　　　实　验　设　备

序号	名称	型号与规格	数量	备注
1	电源	0—250V	2 台	实验台
2	万用表	DT9505	1 块	
3	元件盒		1 个	组件
4	实验电路板挂箱		1 个	JSDG02

四、实验内容

1. 电阻测量

使用万用表欧姆挡测量色环电阻，在测量过程中练习色环电阻标称值的读法，根据读取标称值选择挡位，注意事项如下：

(1) 不要在通电的电路中测量电阻。

(2) 被测阻值小于 10Ω 时读数应减去表笔导线电阻 0.4Ω。

(3) 手不要碰触表笔的金属部分。

(4) 将测量值记入表 2.1.2 中。

表 2.1.2　　　　　　　　　　　电 阻 的 测 量

电阻	R_1	R_2	R_3	R_4
标称值（Ω）				
测量值（Ω）				

2. 电位器测量与通断检测

使用万用表欧姆挡测量电位器 AC、AB、BC 间的电阻，如果出现阻值无穷大的现象说明电位器相应部位内部断路，如果阻值为零说明电位器相应部位内部短路，如果三个阻值正常并且 AC 阻值约等于 AB、BC 阻值的和，说明电位器完好。改变电位器转轴位置再测一次并记录数值到表 2.1.3 中。

表 2.1.3   电位器的测量

电位器	AC	AB	BC
位置 1（Ω）			
位置 2（Ω）			

3. 电容测量

使用万用表电容挡测量电容并记录数值到表 2.1.4 中。测量过程中注意事项如下：

（1）根据标称值选择量程。

（2）电容测量前要先放电。

表 2.1.4   电容的测量

电容	C_1	C_2	C_3
标称值（pF）			
测量值（pF）			

4. 晶体二极管管脚极性、质量的判别

利用数字万用表的二极管挡可判别二极管正、负极，此时红表笔（插在"V·Ω"插孔）带正电，黑表笔（插在"COM"插孔）带负电。用两支表笔分别接触二极管两个电极，若显示值在 1V 以下，说明管子处于正向导通状态，红表笔接的是正极，黑表笔接的是负极。若显示溢出符号"1"，表明管子处于反向截止状态，黑表笔接的是正极，红表笔接的是负极。测量 2 种二极管进行验证。

5. 晶体三极管电流放大倍数测量

使用万用表的 hFE 挡位测量三极管电流放大倍数并记录到表 2.1.5 中。测量过程中注意事项如下：

（1）查阅三极管的类型。

（2）管脚插入万用表时注意位置。

表 2.1.5   三极管的测量

三极管	9012	9013	3DG6
标称值			
测量值			

6. 电压测量

分别使用万用表的直流电压挡测量实验台直流电源电压和交流电压挡测量交流电源电压并记录到表 2.1.6 中。测量过程中注意事项如下：

（1）注意直流和交流的挡位区别，选择合适量程，如果不能估计被测量的大小时选择最大量程。

（2）测量过程中表笔不断开的情况下不能切换量程。

（3）如果读数过小应断开表笔再切换到小量程重新测量。

（4）万用表与被测电路并联。

表 2.1.6　　　　　　　　　　　　　**电压的测量**

被测量	直流电源电压	交流电源电压
实验台指示值（V）		
测量值（V）		

7. 电流测量

分别使用万用表的直流电流挡测量实验电路直流电流和交流电流挡测量实验电路交流并记录到表 2.1.7 中。测量过程中注意事项如下：

（1）注意直流和交流的挡位区别，选择合适量程，如果不能估计被测量大小时选择最大量程。

（2）测量过程中表笔不断开的情况下不能切换量程。

（3）测量大电流时（超过 500mA）红表笔要插入 10A 插孔，否则红表笔要插入 mA 插孔。

（4）万用表与被测电路串联。

表 2.1.7　　　　　　　　　　　　　**电流的测量**

被测量	直流电流	交流电流
实验台指示值（mA）		
测量值（mA）		

五、实验注意事项

1. 万用表电池电量不足时测量误差会变大。

2. 时刻注意交流和直流的区别，注意选择挡位，测量过程中手不要碰触表笔的金属部分，不要带电切换量程。

3. 万用表使用完毕后要关闭。

六、思考题

测量电阻阻值时如果为了接触良好用手捏住表笔的金属头和电阻脚测量，对测量结果有什么影响？是对大阻值的影响大还是对小阻值的影响大？

七、实验报告

1. 完成数据表格中的数据记录，对误差作必要的分析。

2. 总结万用表使用注意事项。

3. 心得体会及其他。

实验二　电位测量及电路电位图的绘制

一、实验目的

1. 明确电位和电压的概念，验证电路中电位的相对性和电压的绝对性。
2. 掌握电路电位图的绘制方法。

二、实验原理

1. 电位与电压的测量

在一个确定的闭合电路中，各点电位的高低视所选的电位参考点的不同而变，但任意两点间的电位差（即电压）则是绝对的，它不因参考点电位的变动而改变。据此性质，可用一只电压表来测量出电路中各点的电位及任意两点间的电压。

2. 电路电位图的绘制

在直角平面坐标系中，以电路中的电位值作纵坐标，电路中各点位置（电阻）作横坐标，将测量到的各点电位在该坐标平面中标出，并把标出点按顺序用直线相连接，就可得到电路的电位变化图。每一段直线段即表示该两点间电位的变化情况，直线的斜率表示电流的大小。对于一个闭合回路，其电位变化图形是封闭的折线。

以图 2.2.1 (a) 所示电路为例，若电位参考点选为 a 点，选回路电流 I 的方向为顺时针（或逆时针）方向，则电位图的绘制应从 a 点出发，沿顺时针方向绕行作出的电位图如图 2.2.1 (b) 所示。

（1）将 a 点置坐标原点，其电位为 0。

（2）自 a 至 b 的电阻为 R_3，在横坐标上按比例取线段 R_3，得 b 点，根据电流绕行方向可知 b 点电位应为负值，$\Phi_b = -IR_3$，即 b 点电位比 a 点低，故从 b 点沿纵坐标负方向取线段 IR_3，得 b' 点。

（3）由 b 到 c 为电压源 E_1，其内阻可忽略不计，则在横坐标上 c、b 两点重合，由 b 到 c 电位升高值为 E_1，即 $\Phi_c - \Phi_b = E_1$，则从 b' 点沿纵坐标正方向按比例取线段 E_1，得点 c'，即线段 $b'c' = E_1$。依此类推，可作出完整的电位变化图。

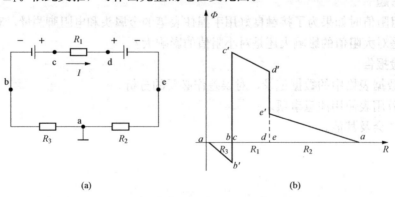

(a)　　　　　　　　　　　　　　(b)

图 2.2.1　电路电位图的绘制

(a) 电路；(b) 电位图

　　由于电路中电位参考点可任意选定,对于不同的参考点,所绘出的电位图形是不同的,但其各点电位变化的规律却是一样的。

三、实验设备

实验设备如表 2.2.1 所示。

表 2.2.1　　　　　　　　　　　　　　实 验 设 备

序号	名称	型号与规格	数量	备注
1	直流稳压电源	0~32V	1台	实验台
2	直流数字电压表	500V	1块	JSZN02
3	直流数字毫安表	500mA	1块	JSZN02
4	实验电路板挂箱		1个	JSDG02

四、实验内容

实验线路如图 2.2.2 所示,实验挂箱选用 JSDG02。

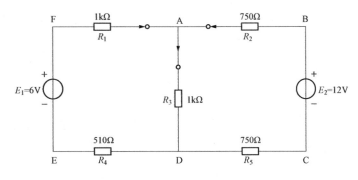

图 2.2.2　电位测量电路图

　　1. 以图 2.2.2 中的 F 点作为电位参考点,分别测量 A、B、C、D、E、F 各点的电位值 Φ 及相邻两点之间的电压值 U_{AB}、U_{BC}、U_{CD}、U_{DE}、U_{EF} 及 U_{FA},数据列于表 2.2.2 中。

　　2. 以 D 点作为参考点,重复实验内容 1 的步骤,测得数据记入表 2.2.2 中。

表 2.2.2　　　　　　　　　　　　　　电位与电压的测量

电位参考点	Φ 与 U(V)	Φ_A	Φ_B	Φ_C	Φ_D	Φ_E	Φ_F	U_{AB}	U_{BC}	U_{CD}	U_{DE}	U_{EF}	U_{FA}
F	计算值	—	—	—	—	—	—						
	测量值												
	相对误差	—	—	—	—	—	—						
D	计算值													
	测量值													
	相对误差													

五、实验注意事项

1. 实验过程注意电压表和电流表区别,不要用错。

2. 测量电位时,用黑色负表笔接电位参考点,用红色正表笔接被测各点,测量值为仪表显示数值（有正负），记录时连同正负号记入。测量电压时红表笔在第一个下标处；黑表笔在第二个下标处，比如测量 U_{AB} 红表笔接在 A，黑表笔接在 B，记录数值时带正负号。

3. 恒压源读数以接负载后为准。

六、思考题

实验电路中若以 A 点为电位参考点，各点的电位值将如何变化？现令 E 点作为电位参考点，试问此时各点的电位值应有何变化？

七、实验报告

1. 根据实验数据，在坐标纸上绘制两个电位参考点的电位图形。

2. 完成数据表格中的计算，对误差作必要的分析。

3. 总结电位相对性和电压绝对性的原理。

4. 心得体会及其他。

实验三　验证基尔霍夫定律

一、实验目的

1. 对基尔霍夫电压定律和电流定律进行验证，加深对两个定律的理解。

2. 学会用电流插头、插座测量各支路电流的方法。

二、原理说明

KCL 和 KVL 是电路分析理论中最重要的基本定律，适用于线性或非线性电路、时变或时不变电路的分析计算。KCL 和 KVL 是对于电路中各支路的电流或电压的一种约束关系，是一种"电路结构"或"拓扑"的约束，与具体元件无关。而元件的伏安约束关系描述的是元件的具体特性，与电路的结构（即电路的接点、回路数目及连接方式）无关。正是由于两者的结合，才能衍生出多种多样的电路分析方法（如节点法和网孔法）。

KCL：任何时刻流入（流出视为负流入）任一个节点的电流的代数和为零，即

$$\Sigma i(t) = 0 \text{ 或 } \Sigma I = 0$$

KVL：任何时刻任何一个回路或网孔的电压降的代数和为零，即

$$\Sigma u(t) = 0 \text{ 或 } \Sigma U = 0$$

运用上述定律时必须注意电流的正方向，此方向可预先任意设定。

三、实验设备

实验设备如表 2.3.1 所示。

表 2.3.1　　　　　　　　　　实 验 设 备

序号	名称	型号与规格	数量	备注
1	直流稳压电源	0～32V	1 台	实验台
2	直流数字电压表	500V	1 块	JSZN02
3	直流数字毫安表	500mA	1 块	JSZN02
4	实验电路板挂箱		1 个	JSDG02

四、实验内容

实验线路如图 2.3.1 所示，实验挂箱选择 JSDG02。

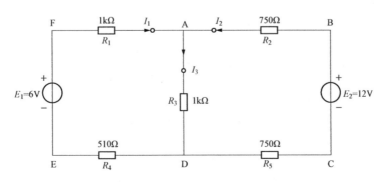

图 2.3.1　实验线图

1. 实验前先任意设定三条支路的电流参考方向，如图中的 I_1、I_2、I_3 所示，并熟悉线路结构，掌握各开关的操作使用方法。

2. 分别将两路直流稳压源接入电路，令 $E_1 = 6V$，$E_2 = 12V$，其数值要用电压表监测。

3. 熟悉电流插头和插孔的结构，先将电流插头的红黑两接线端接至数字毫安表的"＋、－"极；再将电流插头分别插入三条支路的三个电流插孔中，读出相应的电流值，记入表 2.3.1 中。

4. 用直流数字电压表分别测量两路电源及电阻元件上的电压值，数据记入表 2.3.2 中。

表 2.3.2　　　　　　　　　　　　　　　　基尔霍夫定律的验证

内容	电源电压（V）		支路电流（mA）				回路电压（V）					
	E_1	E_2	I_1	I_2	I_3	ΣI	U_{FA}	U_{AB}	U_{CD}	U_{DE}	U_{AD}	ΣU
计算值												
测量值												
相对误差												

五、实验注意事项

1. 两路直流稳压源的电压值和电路端电压值均应以电压表测量的读数为准，电源表盘指示只作为显示仪表，不能作为测量仪表使用，恒压源输出以接负载后为准。

2. 谨防电压源两端碰线短路而损坏仪器。

3. 测量电压和电流时注意表笔接法要和选择的参考方向一致。

六、预习思考题

1. 根据图 2.3.1 的电路参数，计算出待测的电流 I_1、I_2、I_3 和各电阻上的电压值，记入表中，以便实验测量时，可正确地选定毫安表和电压表的量程。

2. 查阅电压表和电流表使用注意事项？

七、实验报告

1. 根据实验数据，选定实验电路中的任一个节点，验证 KCL 的正确性；选定任一个闭合回路，验证 KVL 的正确性。

2. 误差原因分析。

3. 本次实验的收获体会。

实验四 验证叠加定理

一、实验目的

1. 验证线性电路叠加定理的正确性，加深对线性电路的叠加性和齐次性的认识和理解。

2. 加深理解叠加定理仅适用线性电路。

二、实验原理

叠加定理包含叠加性和齐次性两部分内容。

线性电路的叠加性：在有几个独立源共同作用下的线性电路中，任何一条支路的电流或电压，都可以看成是由每一个独立源单独作用时在该支路所产生的电流或电压的代数和。

线性电路的齐次性：当激励信号（某独立源的值）增加或减小 K 倍时，电路相应部分的响应（即电路中各支路的电流和电压值）也将增加或减小 K 倍。

某独立源单独作用是指在电路中将该独立源之外的其他独立源"去掉"，即电压源用短路线取代，电流源用开路取代，受控源保持不变。

对含非线性元件（如二极管）的电路，叠加原理不适用。

叠加定理一般也不适用于"功率的叠加"，$P=(\Sigma I)*(\Sigma U) \neq \Sigma IU$

三、实验设备

实验设备如表 2.4.1 所示。

表 2.4.1　　　　　　　　　　实 验 设 备

序号	名称	型号与规格	数量	备注
1	直流稳压电源	0~32V 可调	2 台	实验台
2	万用表		1 块	
3	直流数字电压表	500V	1 块	JSZN02
4	直流数字毫安表	500mA	1 块	JSZN02
5	叠加原理实验电路板		1	JSDG02

四、实验内容与步骤

实验线路如图 2.4.1 所示，实验挂箱选择 JSDG02。

1. 令电源 E_1 单独作用时（可调电源调至 6V 接入 E_1，短路 E_2），用直流数字电压表和毫安表（接电流插头）测量各支路电流及各电阻元件两端的电压，数据记入表 2.4.2 中。

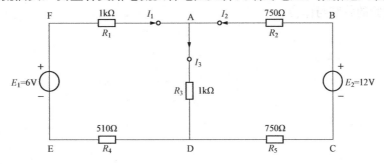

图 2.4.1　叠加定理的验证

表 2.4.2   线性电路叠加定理的验证

测量项目 实验内容	E_1 (v)	E_2 (v)	I_1 (mA)	I_2 (mA)	I_3 (mA)	U_{AB} (v)	U_{CD} (v)	U_{AD} (v)	U_{DE} (v)	U_{FA} (v)
E_1单独作用										
E_2单独作用										
E_1+E_2作用										
$2E_2$单独作用										
$E_1/2$单独作用										
$E_1/2+2E_2$共同作用										

2. 令电源 E_2 单独作用时（将开关 S_1 投向短路侧，开关 S_2 投向 E_2 侧），重复实验步骤 2 的测量和记录。

3. 令 E_1 和 E_2 共同作用时（开关 S_1 和 S_2 分别投向 E_1 和 E_2 侧），重复上述的测量和记录。

4. 将 E_2 的数值增大两倍，调至（+12V 或+16V），重复上述第 3 项的测量并记录。

5. 观察第一行 E_1 单独作用测量数值与第二行 E_2 单独作用的测量数值相加与第三行数据比较验证叠加定理的加性，通过总体计算第四行与第五行的和与第六行比较验证齐性。

五、实验注意事项

1. 用电流插头测量各支路电流时，应注意仪表的极性及数据表格中"+、—"号的记录。

2. 正确选用仪表量程并注意及时更换。

3. 恒压源输出以接上负载后为准。

六、预习思考题

1. 叠加定理中 E_1、E_2 分别单独作用，在实验中应如何操作？可否直接将不作用的电源（E_1 或 E_2）置零（短接）？

2. 实验电路中，若有一个电阻器改为二极管，试问叠加原理的叠加性与齐次性还成立吗？为什么？

七、实验报告

1. 根据所测实验数据，归纳、总结实验结论，即验证线性电路的叠加性与齐次性。

2. 各电阻器所消耗的功率能否用叠加原理计算得出？试用上述实验数据，进行计算并得出结论。

3. 通过表 2.4.2 所测实验数据，你能得出什么样的结论？

4. 本次实验的收获与体会。

实验五　电压源与电流源的等效变换

一、实验目的
1. 掌握电压源与电流源外特性的测试方法。
2. 验证电压源与电流源等效变换的条件。

二、实验原理

1. 能向外电路输送定值电压的装置被称为电压源。理想电压源的内阻为零，其输出电压值与流过它的电流的大小和方向无关，即不随负载电流而变；流过它的电流是由定值电压和外电路共同决定的。它的外特性即伏安特性 $U = f(I)$ 是一条平行于 I 轴的直线。而具有一定内阻值的非理想电压源，其端电压不再如理想电压源一样总是恒定值了，而是随负载电流的增加而有所下降。

一个质量高的直流稳压电源，具有很小的内阻，故在一定的电流范围内，可将它视为一个理想的电压源。

实际电压源的电路模型是由理想电压源 U_S 和内阻 R_S 串联构成的，如图 2.5.1 所示，其输出电压为

$$U = U_S - IR_S$$

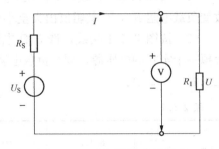

图 2.5.1　电压源的电路模型

2. 能向外电路输送定值电流的装置被称为电流源。理想电流源的内阻为无穷大，其输出电流与其端电压无关，即不随负载电压而变；电流源两端的电压值是由定值电流 I_S 和外电路共同决定的。它的伏安特性 $I = f(U)$ 是一条平行于 U 轴的直线。对于非理想的电流源，因其内阻值不是无穷大，输出电流不再是恒定值，而是随负载端电压的增加有所下降。一个质量高的恒流源其内阻值做得很大，在一定的电压范围内，可将它视为一个理想的电流源。

实际电流源的电路模型是由理想电流源 I_S 和内阻 R_S 并联构成的，如图 2.5.2 所示，其输出电流为

$$I = \frac{R_S I_S}{R_S + R_L}$$

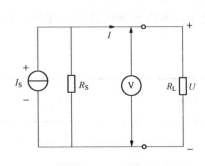

图 2.5.2　电流源的电路模型

3. 一个实际的电源，就其外部特性而言，即可以看成是一个电压源，又可以看成是一个电流源。若视为电压源，则可用一个理想的电压源 U_S 与一个电阻 R_0 相串联的组合来表示；若视为电流源，则可用一个理想电流源 I_S 与一电导 g_0 相并联的结合来表示，若它们向同样大小的负载提供同样大小的电流和端电压，则称这两个电源是等效的，即具有相同的外特性。

一个实际电压源与一个实际电流源等效变换的条件

为 $I_s=U_s/R_0$，$g_o=1/R_0$ 或 $U_s=I_s/g_o$，$R_0=1/g_o$。

三、实验设备

实验设备如表 2.5.1 所示。

表 2.5.1　　　　　　　　　　　实　验　设　备

序号	名称	型号与规格	数量	备注
1	可调直流稳压电源	0～32V	1	实验台
2	可调直流恒流源	0～200mA	1	实验台
3	直流数字电压表	500V	1块	JSZN02
4	直流数字毫安表	500mA	1块	JSZN02
5	万用表		1	
6	电阻器	51Ω	各1	JSDG08A
7	可调电阻箱	0—99999.9Ω	1	JSDG08A

四、实验内容与步骤

1. 测定直流稳压电源（理想）与实际电压源的外特性

（1）按图 2.5.1 接线，令内阻 $R_S=0$，直流稳压电源 E_S 作为理想电压源，调 $U_S=6$V，改变负载电阻 R_L，令其阻值由大至小变化，将电压表和电流表的读数记入表 2.5.2 中。

（2）按图 2.5.1 接线，选 51Ω 电阻器作为内阻 R_s 与直流稳压电源 E_S 串联接入电路，模拟一个实际的电压源，调节负载电阻 R_L 由大至小变化，读取电压表和电流表的数据，并记入表 2.5.2 中。

表 2.5.2　　　　　　　　　　　电压源的外特性

内阻＼负载	$R_L(\Omega)$	∞	2000	1000	200
$R_s=0$	$U(v)$				
	$I(Ma)$				
$R_s=51\Omega$	$U'(v)$				
	$I'(mA)$				

2. 测定电流源的外特性

按图 2.5.2 接线，I_S 为直流恒流源，调节其输出为 5mA，令 R_S 分别为 1kΩ 和∞，调节可变电阻箱 R_L（从 0～5000Ω），测出这两种情况下的电压表和电流表的读数，并记入表 2.5.3 中。

表 2.5.3　　　　　　　　　　　电流源的外特性

内阻＼负载	R_L（Ω）	1000	2000	5000
$R_s=1k\Omega$	$I'(Ma)$			
	$U'(v)$			

续表

内阻 \ 负载	R_L（Ω）	1000	2000	5000
$R_s=\infty$	I(mA)			
	U(v)			

3. 测定电源等效变换的条件

按图 2.5.3 线路接线调节电压源 U_S 为 3V，首先读取 2.5.3（a）线路两表的读数，然后调节 2.5.3（b）线路中恒流源 $I_S=U_S/R_0$（取 $R_0'=R_0$），记录两表的读数在表 2.5.4 中，验证等效变换条件的正确性。

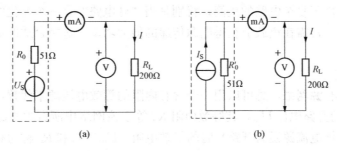

图 2.5.3　电源等效变换

表 2.5.4　　　　　　　　　　　　　　　　**电源等效变换**

实际电压源					实际电流源				
R_0（Ω）	R_L（Ω）	U(V)	I(mA)	U_s(V)	R_0（Ω）	R_L（Ω）	I'(mA)	U'(V)	I_s(mA)

五、实验注意事项

1. 在测电压源外特性时，不要忘记测空载时的电压值，改变负载电阻时，不可使电压源短路。

2. 在测电流源外特性时，不要忘记测短路时的电流值，改变负载电阻时，不可使电流源开路。

3. 换接线路时，必须关闭电源开关。

4. 直流仪表的接入应注意极性与量程。

六、预习思考题

1. 直流稳压电源的输出端为什么不允许短路？直流恒流源的输出端为什么不允许开路？

2. 电压源与电流源的外特性为什么呈下降变化趋势，稳压源和恒流源的输出在任何负载下是否保持恒值？

七、实验报告

1. 根据实验数据绘出电源的 4 条外特性曲线，并总结、归纳各类电源的特性。

2. 通过实验结果，验证电源等效变换的条件。

3. 本次实验的收获与体会。

实验六　验证戴维南定理

一、实验目的

1. 验证戴维南定理的正确性，加深对定理的理解。
2. 掌握含源二端网络等效参数的一般测量方法。
3. 验证最大功率传递定理。

二、实验原理

戴维南定理适用于复杂电路的化简，特别是当"外电路"是一个变化的负载的情况。

在电子技术中，常需在负载上获得电源传递的最大功率。选择合适的负载，可以获得最大的功率输出。

1. 戴维南定理

任何一个线性有源网络，总可以用一个含有内阻的等效电压源来代替，此电压源的电动势 E_s 等于该网络的开路电压 U_{oc}，其等效内阻 R_0 等于该网络中所有独立源均置零（理想电压源视为短路，理想电流源视为开路）时的等效电阻。U_{oc}、I_{sc} 和 R_0 称为有源二端网络的等效参数。

2. 最大功率传递定理

（1）电源与负载功率的关系。

图 2.6.1 可视为由一个电源向负载输送电能的模型，R_0 可视为电源内阻和传输线路电阻的总和，R_L 为可变负载电阻。

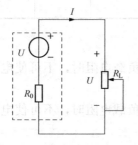

图 2.6.1　电源向负载输送电能的模型

负载 R_L 上消耗的功率 P 可表示为：

$$P = I^2 R_L = \left(\frac{U}{R_0 + R_L}\right)^2 R_L \qquad (2.6.1)$$

当 $R_L = 0$ 或 $R_L = \infty$ 时，电源输送给负载的功率均为零。而以不同的 R_L 值代入式（2.6.1）可求得不同的 P 值，其中必有一个 R_L 值，使负载能从电源处获得最大的功率。

（2）负载获得最大功率的条件。

根据数学求最大值的方法，即可求得最大功率传输的条件：$R_L = R_0$。

这时，称此电路处于"匹配"工作状态。

（3）匹配电路的特点及应用

在电路处于"匹配"状态时，电源本身要消耗一半的功率。此时电源的效率只有 50%。显然，这对电力系统的能量传输过程是绝对不允许的。发电机的内阻是很小的，电路传输的最主要指标是要高效率送电，最好是 100% 的功率均传送给负载。为此负载电阻应远大于电源的内阻，即不允许运行在"匹配"状态。而在电子技术领域里却完全不同。一般的信号源本身功率较小，且都有较大的内阻。而负载电阻（如扬声器等）往往是较小的定值，且希望能从电源获得最大的功率输出，而电源的效率往往不予考虑。通常设法改变负载电阻，或者在信号源与负载之间加阻抗变换器（如音频功放的输出级与扬声器之间的输出变压器），使电路处于工作"匹配"状态，以使负载能获得最大的输出功率。

3. 有源二端网络等效参数的测量方法

（1）开路电压 U_{oc} 的测量方法。

在含源二端网络输出端开路时，用电压表直接测其输出端的开路电压 U_{oc}。

（2）短路电流 I_{sc} 的测量方法。

将有源二端网络的输出端短路，用电流表直接测其短路电流 I_{sc}。此方法适用于内阻值 R_0 较大的情况。若二端网络的内阻值很低时，会使 I_{sc} 很大，则不宜直接测其短路电流，应该采用开路电压除以等效内阻来计算，其中等效内阻可以采用下文中万用表直接测量法测量。

（3）等效内阻 R_0 的测量方法。

1）直接测量法：将有源二端网络电路中所有独立源去掉，用万用表的欧姆挡测量去掉外电路后的等效电阻 R_0。

2）加压测流法：将含源网络中所有独立源去掉，在开路端加一个数值已知的独立电压源 E，如图 2.6.2 所示，并测出流过电压源的电流 I，则 $R_0 = E/I$。

3）开路、短路法：分别将有源二端网络的输出端开路和短路，根据测出的开路电压和短路电流值进行计算：$R_0 = U_{oc}/I_{sc}$。

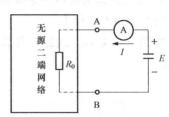

图 2.6.2　加压测流法测等效内阻

4）伏安法：伏安法测等效内阻的连接线路如图 2.6.3（a）所示，先测出有源二端网络伏安特性如图 2.6.3（b）所示，再测出开路电压 U_{oc} 及电流为额定值 I_N 时的输出端电压值 U_N，根据外特性曲线中的几何关系，则内阻为

$$R_0 = \tan\varphi = \frac{U_{oc}}{I_{sc}} = \frac{U_{oc} - U_N}{I_N} \qquad (2.6.2)$$

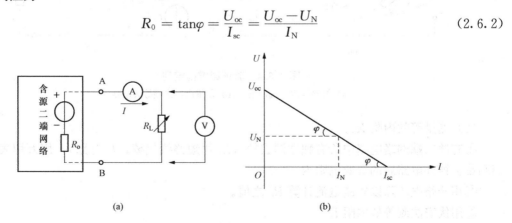

(a) (b)

图 2.6.3　伏安法测等效内阻

(a) 连接线路；(b) 伏安特性

5）半电压法：调被测有源二端网络的负载电阻 R_L，当负载电压为被测有源二端网络开路电压 U_{oc} 的一半时，负载电阻值（由电阻箱的读数确定）即为被测有源二端网络的等效内阻值。

三、实验设备

实验设备如表2.6.1所示。

表2.6.1 实 验 设 备

序号	名称	型号与规格	数量	备注
1	可调直流稳压电源	0~32V	1台	实验台
2	可调直流恒流源	0~200mA	1	实验台
3	直流数字电压表	500V	1块	JSZN02
4	直流数字毫安表	500mA	1块	JSZN02
5	万用表		1	
6	可调电阻箱	0~99 999.9Ω	1	JSDG08A
7	电位器	1kΩ	1	JSDG08A
8	戴维南定理实验电路板		1	JSDG02

四、实验内容与步骤

1. 测有源二端网络的等效参数

（1）测量U_{OC}和I_{SC}。

按图2.6.4（a）线路，开关掰向右侧测量开路电压U_{OC}，将开关掰向左侧测量短路电流I_{SC}。

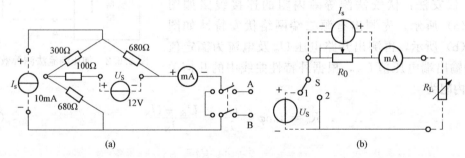

(a)   (b)

图2.6.4 验证戴维南定理

(a) 被测含源二端网络；(b) 戴维南，诺顿等效电路

（2）测量等效内阻R_0。

① 有源二端网络电路中所有独立源去掉（E_s用短路线代替，I_s开路），用万用表的欧姆挡测量去掉外电路后的等效电阻R_0。

② 用开路电压除以短路电流计算R_0之值。

③ 用伏安法测等效内阻R_0。

所有测量数据记入表2.6.2中。

表2.6.2 测等效内阻 R_0

直测法	开路、短路法			伏安法		
$R_0(\Omega)$	$U_{oc}(V)$	$I_{sc}(mA)$	$R_0(\Omega)$	$U_N(mA)$	$I_N(mA)$	$R_0(\Omega)$

* （3）用外加电阻法测等效内阻 R_0。在有源二端网络输出 AB 端接入已知阻值 $R'=1000\Omega$ 的电阻，测量负载端电压 U'，数据记入表 2.6.1 中。

* （4）加压测流法测等效内阻 R_0。数据记入表 2.6.1 中。

* （5）按图 2.6.4（b）等效电路接线再次测量。

2. 负载实验

（1）测量有源二端网络的外特性，在图 2.6.4（a）的 AB 端接入负载电阻箱 R_L，改变阻值，测出相应的电压和电流值，数据记入表 2.6.3 中。

表 2.6.3 　　　　　　　　　　　有源二端网络的外特性

R_L（Ω）	510	1k	2k
U（V）			
I（mA）			

（2）验证戴维南定理：按照图 2.6.5 接线，电压源调节为表 2.6.1 的 U_{OC} 测量值，内阻采用电阻箱，将其阻值调整到表 2.6.2 的开路短路法所求得的等效电阻 R_0 之值，负载电阻依次调节为 510Ω、1k、2kΩ，测其外特性，数据记入表 2.6.4 中，比较表 2.6.3 和表 2.6.4，对戴维南定理进行验证。

表 2.6.4 　　　　　　　　　　戴维南等效电路的外特性

R_L（Ω）	510	1k	2k
U（V）			
I（mA）			

（3）验证最大功率输出条件。

1）按图 2.6.5 接线，负载 R_L 取自元件箱 JSDG08A 的电阻箱。

2）按表 2.6.5 所列内容，令 R_L 在 0～10K 范围内变化时，分别测出 U_O、U_L 及 I 的值，表中 U_O，P_O 分别为稳压电源的输出电压和功率，U_L、P_L 分别为 R_L 二端的电压和功率，I 为电路的电流。在 P_L 最大值附近应多测几点。

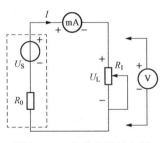

图 2.6.5 戴维南等效电路

表 2.6.5 　　　　　　　　　　　　验证最大功率输出条件

	R_L（Ω）	100	200	510	1k	2k	5.1k	10k	∞
$U_S=6V$	U_O（V）								
	U_L（V）								
$R_0=510\Omega$	I（mA）								
	P_O（W）								
	P_L（W）								

五、实验注意事项

1. 测量电流时要注意电流表量程的选取，为使测量准确，电压表量程不应频繁更换。

2. 实验中，电源置零时不可将稳压源短接。

3. 用万用表直接测 R_0 时，网络内的独立源必须先去掉，以免损坏万用表。

4. 改接线路时，要关掉电源。

六、预习思考题

1. 在求戴维南等效电路时，测短路电流 I_{SC} 的条件是什么？在本实验中可否直接作负载短路实验？请在实验前对线路 2.6.4（a）预先作好计算，以便调整实验线路及测量时可准确地选取电表的量程。

2. 总结测有源二端网络开路电压及等效内阻的几种方法，并比较其优缺点。

3. 电力系统进行电能传输时为什么不能工作在"匹配"工作状态？

4. 实际应用中，电源的内阻是否随负载而变？

5. 电源电压的变化对最大功率传输的条件有无影响？

七、实验报告

1. 根据实验数据，验证戴维南定理的正确性，并分析产生误差的原因。

2. 根据实验步骤中各种方法测得的 U_{OC} 与 R_0 与预习时电路计算的结果作比较，你能得出什么结论。

3. 归纳、总结实验结果。

4. 整理实验数据，分别画出两种不同内阻下的下列各关系曲线：$I \sim R_L$，$U_0 \sim R_L$，$U_L \sim R_L$，$P_0 \sim R_L$，$P_L \sim R_L$

5. 根据实验结果，说明负载获得最大功率的条件是什么？

实验七 受控源的实验研究

一、实验目的

1. 学习含有受控源电路的分析方法。
2. 了解用运算放大器组成的 4 种受控源的线路原理。
3. 掌握测试受控源外特性及其转移参数的方法。

二、实验原理

1. 受控源是模拟表示有源电子器件中所发生的物理现象的一种模型。受控源有两对端口，一对是控制量输入端口，另一对是受控量的输出端口。它既不同于一般的独立电源，也不同于一般的无源元件，受控源的电压或电流随网络中另一支路的电压或电流控制量的变化而变化。

2. 电压控制电压源（VCVS）电路组成和等效电路如图 2.7.1 所示。

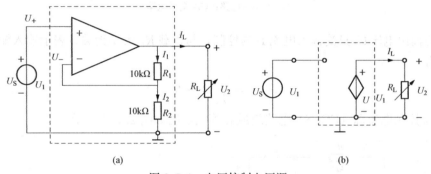

图 2.7.1 电压控制电压源

(a) VCVS 电路；(b) 等效电路

运放的输出电压只受输入电压的控制，与负载的大小无关，表示输入输出关系的转移电压比为

$$\mu = \frac{U_2}{U_1} = 1 + \frac{R_1}{R_2}$$

μ 无量纲，称为电压放大倍数。

3. 电压控制电流源（VCCS）电路组成和等效电路如图 2.7.2 所示。

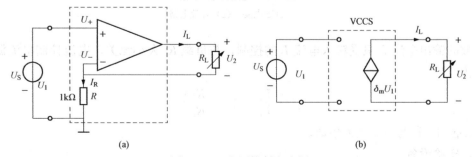

图 2.7.2 电压控制电流源

(a) VCCS 电路；(b) 等效电路

运放输出电流只受输入电压的控制，与负载的大小无关。表示输入输出关系的转移电导为

$$g_m = \frac{I_L}{U_1} = \frac{1}{R}$$

4. 电流控制电压源（CCVS）电路组成和等效电路如图 2.7.3 所示。

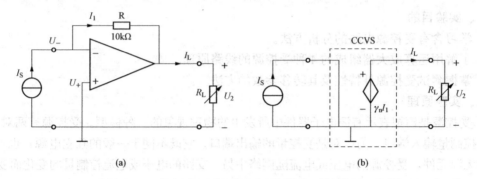

图 2.7.3　电流控制电压源
(a) CCVS 电路；(b) 等效电路

运放的输出电压 U_2 只受输入电流 I_S 的控制，与负载 R_L 大小无关，表示输入输出关系的转移电阻为

$$r_m = \frac{U_2}{I_S} = -R$$

5. 电流控制电流源（CCCS）电路组成和等效电路如图 2.7.4 所示。

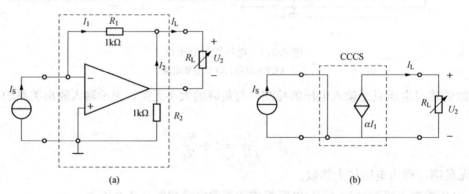

图 2.7.4　电流控制电流源
(a) CCCS 电路；(b) 等效电路

运放的输出电流 I_L 只受输入电流 I_S 的控制，与负载 R_L 大小无关，电流控制电流源转移电流比为

$$\beta = \frac{I_L}{I_S} = \left(1 + \frac{R_1}{R_2}\right)$$

β 无量纲，称为电流放大倍数。

三、实验设备

实验设备如表 2.7.1 所示。

表 2.7.1 　　　　　　　　　　　　实 验 设 备

序号	名称	型号与规格	数量	备注
1	可调直流稳压电源	0～32V	1	实验台
2	可调恒流源	0～200mA	1	实验台
3	直流数字电压表	500V	1块	JSZN02
4	直流数字毫安表	500mA	1块	JSZN02
5	十进制可调电阻箱	0～99 999.9Ω	1	JSDG08A
6	受控源实验电路板		1	JSDG03

四、实验内容与步骤

1. 测量受控源 VCVS 的转移特性 $U_2 = f(U_1)$ 及负载特性 $U_2 = f(I_L)$，实验线路如图 2.7.1 所示。U_1 为可调直流稳压电源，R_L 为可调电阻箱。

固定 $R_L = 2\text{k}\Omega$，调节稳压电源输出电压 U_1 使其在 0～5V 范围内取值，测量 U_1 及相应的 U_2 值，数据记入表 2.7.2 中，在方格纸上绘出电压转移特性曲线 $U_2 = f(U_1)$，并在其线性部分求出转移电压比 μ。

表 2.7.2 　　　　　　　　VCVS 和 VCCS 的转移特性 （$R_L = 2\text{k}\Omega$）

受控源	给定值	U_1 (v)	1	2	3	4	5
VCVS	测量值	U_2 (v)					
	测算值	$\mu = U_2/U_1$					
	理论值	$\mu' = 1 + R_1/R_2$					
VCCS	测量值	I_L (mA)					
	测算值	$G_m = I_L/U_1$ (S)					
	理论值	$G'_m = 1/R$ (S)					

保持 $U_1 = 2\text{V}$，调节可变电阻箱 R_L 的阻值从 1kΩ 增至 ∞，测输出电压 U_2 及相应的负载电流 I_L，数据记入表 2.7.3 中，并绘制负载特性曲线 $U_2 = f(I_L)$。

表 2.7.3 　　　　　　　　VCVS 的负载特性 $U_2 = f(I_L)$ （$U_1 = 2\text{V}$）

给定值	R_L(kΩ)	1	2	5	10	20	50	90	∞
测量值	U_2(V)								
	I_L(mA)								

2. 测量受控源 VCCS 的转移特性 $I_L = f(U_1)$ 及负载特性 $I_L = f(U_2)$，实验线路如图 2.7.2 所示。

固定 $R_L = 1\text{k}\Omega$，调节稳压电源的输出电压 $U_1 = 0～5\text{V}$，测出相应的 I_L 值，数据记入表 2.7.2 中，绘制转移特性曲线 $I_L = f(U_1)$，并由其线性部分求出转移电导 g_m。

保持 $U_1 = 2\text{V}$，令 R_L 从 0～5kΩ 变化，测出负载电流 I_L 及相应的输出电压 U_2，数据记

入表 2.7.4 中，绘制负载特性曲线 $I_L = f(U_2)$。

表 2.7.4   VCCS 的负载特性 $I_L = f(U_2)$ $(U_1 = 2V)$

给定值	$R_L(k\Omega)$	0	1	2	3	4	5
测量值	$I_L(mA)$						
	$U_2(v)$						

3. 测量受控源 CCVS 的转移特性 $U_2 = f(I_S)$ 与负载特性 $U_2 = f(I_L)$，实验线路如图 2.7.3 所示。

固定 $R_L = 1k\Omega$，调节恒流源的输出电流 I_s，使其在 $0 \sim 1mA$ 范围内取值，测出 U_2，据记入表 2.7.5 中，绘制转移特性曲线 $U_2 = f(I_S)$，并由线性部分求出转移电阻 r_m。

表 2.7.5   CCVS 和 CCCS 的转移特性 $(R_L = 1k\Omega)$

受控源	给定值	$I_s(mA)$	0.2	0.3	0.4	0.5	0.6	0.7	0.8
CCVS	测量值	$U_2(v)$							
	测算值	$r_m = U_2/I_S(k\Omega)$							
	理论值	$r_m = -R(k\Omega)$							
受控源	给定值	$I_s(mA)$	0.4	0.5	0.6	0.7	0.8	0.9	1.0
CCCS	测量值	$I_L(mA)$							
	测算值	$\beta = I_L/I_S$							
	理论值	$\beta' = 1 + R_1/R_2$							

保持 $I_s = 0.3mA$，令 R_L 从 $1k\Omega$ 增至 ∞，测出 U_2 及 I_L，数据记入表 2.7.6 中，绘制负载特性曲线 $U_2 = f(I_L)$。

表 2.7.6   CCVS 的负载特性 $U_2 = f(I_L)$ $(I_s = 0.3mA)$

$R_L(k\Omega)$	1	2	5	10	20	50	90	∞
$U_2(v)$								
$I_L(mA)$								

4. 测量受控源 CCCS 的转移特性 $I_L = f(I_s)$ 及负载特性 $I_L = f(U_2)$。实验线路如图 2.7.4 所示。

固定 $R_L = 2k\Omega$，调节恒流源的输出电流 I_s，使其在 $0 \sim 0.8mA$ 范围内取值，测出 I_L，数据记入表 2.7.5 中，绘制转移特性曲线 $I_L = f(I_s)$，并由其线性部分求出转移电流比 β。

保持 $I_s = 0.3mA$，令 R_L 从 0 增至 $5k\Omega$，测出 I_L 和 U_2，数据记入表 2.7.7 中，并绘制负载特性曲线 $I_L = f(U_2)$ 曲线。

表 2.7.7   CCCS 负载特性曲线 $I_L = f(U_2)$ $(I_s = 0.3mA)$

$R_L(k\Omega)$							
$U_2(v)$							
$I_L(mA)$							

五、实验注意事项

1. 在实验中作受控源的运算放大器正常工作时，除了在输入端提供输入信号（控制量）以外，还需要接通静态工作电源。每次换接线路，必须事先断开供电电源。

2. 在实验中作受控源的运算放大器，输入端电压、电流不能超过额定值；受控电压源的输出不能短路，受控电流源的输出不能开路。

六、预习思考题

1. 受控源和独立源相比有何异同点？受控源和无源电阻元件相比有何异同点？

2. 4 种受控源中的 r_m、g_m、β 和 μ 的意义是什么？如何测得？

3. 若受控源控制量的极性反向，试问其输出极性是否发生变化？

4. 受控源的控制特性是否适合于交流信号？

七、实验报告

1. 根据实验数据，在坐标纸上分别绘出 4 种受控源的转移特性曲线和负载特性曲线，并求出相应的转移参量。

2. 对预习思考题作必要的回答。

3. 对实验的结果作出合理地分析和结论，总结对四种受控源的认识和理解。

4. 心得体会及其他。

实验八 RC 一阶电路的响应

一、实验目的

1. 测定 RC 一阶电路的零输入响应、零状态响应及完全响应。
2. 学习电路时间常数的测量方法，了解微分电路和积分电路的实际应用。
3. 进一步熟悉示波器的使用，学会用示波器测绘图形。

二、实验原理

一阶电路的过渡过程是由于电路中有一个电容或电感逐步储存或释放能量的渐变过程引起的，该过渡过程是十分短暂的单次变化过程，对时间常数 τ 较大的电路，可用慢扫描长余辉示波器观察光点移动的轨迹。然而能用一般的双踪示波器观察过渡过程和测量有关的参数，必须使这种单次变化的过程重复出现。为此，利用信号发生器输出的矩形脉冲序列波来模拟阶跃激励信号，即令方波输出的上升沿作为零状态响应的正阶跃激励信号；方波下降沿作为零输入响应的负阶跃激励信号。只要选择方波的重复周期 T 与电路的时间常数 τ 满足一定的关系，它的响应和直流电源接通与断开的过渡过程是基本相同的。

1. RC 电路的过渡过程

RC 一阶电路组成和响应波形如图 2.8.1 所示。

零输入响应：设 $u_C(0)=U_o$，开关由 1→2，换路后 $u_C(t)=U_s e^{-t/\tau}$，$t \geq 0$，

零状态响应：$u_C(0)=0$，开关由 2→1，换路后 $u_C(t)=U_s(1-e-t/\tau)$，$t \geq 0$

RC 一阶电路的零输入响应和零状态响应分别按指数规律衰减和增长，其变化的快慢决定于电路的时间常数 $\tau(\tau=RC)$。

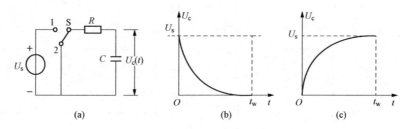

图 2.8.1 RC 一阶电路和响应波形

(a) RC 电路；(b) 零输入响应波形；(c) 零状态响应波形

2. 时间常数 τ 的测定

用示波器测定 RC 电路时间常数的方法如下：在 RC 电路输入矩形脉冲序列信号，将示波器的测试探极接在电容两端，调节示波器 Y 轴和 X 轴各控制旋钮，使荧光屏上呈现出一个稳定的指数曲线如图 2.8.2 所示。

根据一阶微分方程的求解得知当 $t=\tau$ 时，$u_C(\tau)=0.632U_s$ 设轴扫描速度标称值为 S(s/cm)，在屏幕上测得电容电压最大值 $u_{cm}=u_s=a(cm)$

在荧光屏 Y 轴上取值　　　　　　　$b = 0.632 \times a \, (\text{cm})$

在曲线上找到对应点 Q 和 P，使　　　$PQ = b$

测得　　　　　　　　　　　　　　$OP = n \, (\text{cm})$

则时间常数　　　　　　　　　　　$\tau = S \, (\text{s/cm}) \times n \, (\text{cm})$

亦可用零输入响应波形衰减到 $0.368 U_s$ 时所对应的时间测取。

3. 矩形脉冲响应

将矩形脉冲序列信号加在电压初始值为零的 RC 电路上，其响应曲线如图 2.8.3 所示，显然电路的脉冲响应实际上就是电容连续充电、放电的动态过程。

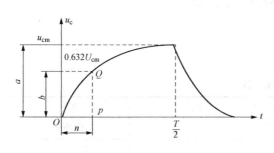

图 2.8.2　时间常数测量

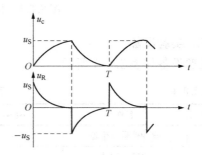

图 2.8.3　矩形脉冲作用于 RC 电路的响应波形

4. RC 电路的应用

微分电路和积分电路是 RC 一形阶电路中较典型的电路，它对电路元件参数和输入信号的周期有着特定的要求。

(1) RC 积分电路。

由 C 端作为响应输出的 RC 串联电路，在方波序列脉冲的重复激励下，当电路参数的选择满足 $\tau \gg t_w$ 条件下（t_w 为方波脉冲的脉宽），如图 2.8.4 所示，即称为积分电路。此时电路的输出信号电压与输入信号电压的积分成正比。输入电压为矩形脉冲时，输出电压近似为三角波。

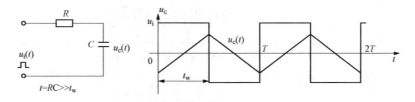

图 2.8.4　RC 积分电路及其响应波形

(2) RC 微分电路。

由 R 端作为响应输出的 RC 串联电路，在方波序列脉冲的重复激励下，当电路参数满足 $\tau \ll t_w$ 时，就构成了一个微分电路，如图 2.8.5 所示。此时电路的输出信号电压与输入信号电压的微分成正比，为正负交变的尖峰波。

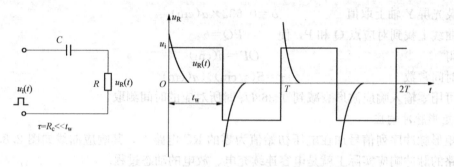

图 2.8.5 RC 微分电路及其响应波形

三、实验设备

实验设备如表 2.8.1 所示。

表 2.8.1 实 验 设 备

序号	名称	型号与规格	数量	备注
1	脉冲信号发生器		1	实验台
2	双踪示波器			
3	一阶、二阶电路实验板			JSDG02

四、实验内容与步骤

实验线路板的结构如图 2.8.6 所示，认清 R、C 元件的布局及其标称值，各开关的通断位置等等。

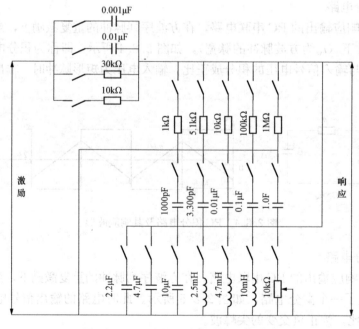

图 2.8.6 一阶、二阶电路实验线路板

1. 观测 RC 电路的矩形脉冲响应和 RC 积分电路的响应

选择动态电路板上的 R、C 元件，$R=30\text{k}\Omega$，$C=1000\text{pF}$（即 $0.001\mu\text{F}$）组成的 RC 充放电电路，U_S 为脉冲信号发生器，调输出幅值 $U_m=3\text{V}$，$f=1\text{kHz}$ 的方波电压信号，并通过两根同轴电缆线，将激励源 U_S 和响应 U_c 的信号分别连至示波器的两个输入口 Y_A 和 Y_B，这时可在示波器的屏幕上观察到激励与响应的变化规律，用 U_c 的波形求测时间常数 τ，并用方格纸按 $1:1$ 的比例描绘波形。

令 $R=30\text{k}\Omega$，$C=0.01\mu\text{F}$，观察并描绘响应的波形，并根据电路参数求出时间常数 τ'。少量地改变电容值或电阻值，定性地观察对响应的影响，记录观察到的现象。

增大 C 之值，使之满足积分电路的条件 $\tau=RC\gg t_w$，观察对响应的影响，并按表 2.8.2 中参数要求选取 RC 之值，描绘响应的波形。

2. 观测 RC 微分电路的响应

选择动态板上的 R、C 元件，组成微分电路，令 $C=0.01\mu\text{F}$，$R=1\text{k}\Omega$，在同样的方波激励信号（$U_m=3\text{V}$，$f=1\text{kHz}$）作用下，观测并描绘激励与响应的波形。

增减 R 之值，定性地观察对响应的影响，并作记录，描绘响应的波形。

表 2.8.2   **RC 电路的观测**

参数值				波形图
输出 ＼ 输入	幅值 U_M	周期 T	脉宽 t_w	
电路形式	R（kΩ）	C（μF）	τ（s）	
RC 过渡	30	0.001		
		0.01		
RC 积分	30	0.1		
		1		
RC 微分	1	0.01		
	10			
	10^3			

五、实验注意事项

1. 调节电子仪器各旋钮时，动作不要过猛。实验前，需熟读双踪示波器的使用说明，特别是观察双踪时，要特别注意哪些开关、旋钮需要操作与调节。

2. 信号源的接地端与示波器的接地端要连在一起（称共地），以防外界干扰而影响测量的准确性。

3. 示波器的辉度不应过亮，尤其是光点长期停留在荧光屏上不动时，应将辉度调暗，以延长示波管的使用寿命。

4. 熟读仪器使用说明，做好实验预习，准备好画图用的方格纸。

六、预习思考题

1. 什么样的电信号可作为 RC 一阶电路零输入响应、零状态响应和完全响应的激励信号？

2. 已知 RC 一阶电路 $R=30\text{k}\Omega$，$C=0.01\mu\text{F}$，试计算时间常数 τ，并根据 τ 值的物理意

义，拟定测量 τ 的方案。

3. 何谓积分电路和微分电路，它们必须具备什么条件？它们在方波序列脉冲的激励下，其输出信号波形的变化规律如何？这两种电路有何功用？

七、实验报告

1. 根据实验观测结果，在方格纸上绘出 RC 一阶电路充放电时 $U_C(t)$ 的变化曲线，由曲线测得 τ 值，并与有参数值的计算结果作比较，分析误差原因。

2. 根据实验观测结果，归纳、总结积分电路和微分电路的形成条件，阐明波形变换的特征。

3. 心得体会及其他。

实验九　二阶动态电路的响应测试

一、实验目的

1. 学习用实验的方法来研究二阶动态电路的响应，了解电路元件参数对响应的影响。

2. 用示波器观察 GCL 并联电路响应的 3 种瞬变过程，加深对二阶电路波形特点的认识与理解。

二、实验原理

一个二阶电路在方波正、负阶跃信号的激励下，可获得零状态与零输入响应，其响应的变化轨迹决定于电路的固有频率。当调节电路的元件参数值，使电路的固有频率分别为负实数、共轭复数及虚数时，可获得单调地衰减、衰减振荡和等幅振荡的响应。在实验中可获得过阻尼，欠阻尼和临界阻尼这 3 种响应图形。

简单而典型的二阶电路是一个 RLC 串联电路和 GCL 并联电路，这二者之间存在着对偶关系。本实验仅对 GCL 并联电路进行研究，GCL 并联电路如图 2.9.1 所示。

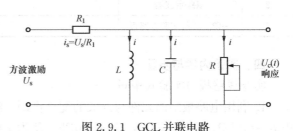

图 2.9.1　GCL 并联电路

根据 KCL

$$i_c(t) + i_R(t) + i_L(t) = i_S$$

电路的微分方程为

$$LC\frac{\mathrm{d}^2 i_L}{\mathrm{d}t^2} + GL\frac{\mathrm{d}i_L}{\mathrm{d}t} + i_L + U_s/R_1 \quad (t \geqslant 0)$$

令：$\alpha = G/2C$，α 称为衰减系数；$G = 1/R$

$$\omega_0 = 1/\sqrt{LC} \qquad \omega_0 \text{ 称为固有频率}$$

$$\omega_d = \sqrt{\omega_0^2 - a^2} \qquad \omega_d \text{ 称为振荡角频率}$$

方程的解分为 3 种情况：

（a）$\alpha < \omega_0$，称为欠阻尼状态，响应为振荡性的衰减过程。

（b）$\alpha > \omega_0$，称为过阻尼状态，响应为非振荡性的衰减过程。

（c）$\alpha = \omega_0$，称为临界阻尼状态，响应为临界过程。

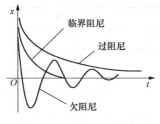

图 2.9.2　3 种阻尼状态图

实验中可以通过调节电路的元件参数值，改变电路的固有频率 ω_0 之值，从而获得单调地衰减和衰减振荡的响应，并可在示波器上观察到过阻尼、临界阻尼和欠阻尼这 3 种响应的波形，如图 2.9.2 所示。

欠阻尼状态衰减常数 α 和振荡频率 ω_d 的测量如图 2.9.3 所示。

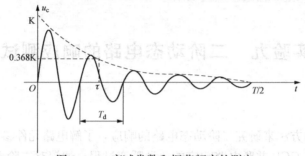

图 2.9.3　衰减常数和振荡频率的测定

三、实验设备

实验设备如表 2.9.1 所示。

表 2.9.1　　　　　　　　　　　　　　**实 验 设 备**

序号	名称	型号与规格	数量	备注
1	函数信号发生器		1	实验台
2	双踪示波器		1	自备
3	一阶、二阶实验电路板		1	JSDG02

四、实验内容与步骤

实验线路板与实验八相同。

1. 利用电路板中的元件与开关的配合作用，组成如图 2.9.1 所示的 GCL 并联电路，其中 $R_1 = 10\text{k}\Omega$，$L = 4.7\text{mH}$，$C = 1000\text{PF}$，R 为 $10\text{k}\Omega$ 可调电阻。

2. 用函数信号发生器的方波脉冲作为二阶电路的激励，调信号源的输出为 $U_m = 3\text{V}$，$f = 1\text{kHz}$ 的方波脉冲，用同轴电缆将激励端和响应输出端接至双踪示波器的 Y_A 和 Y_B 两个输入口。

3. 调节可变电阻器 R 的值，观察二阶电路的零输入响应和零状态响应由过阻尼状态非振荡性的衰减过程过渡到临界阻尼状态，最后过渡到欠阻尼状态振荡性的衰减过程，分别定性地描绘、记录响应的典型变化波形。

4. 调节 R 的值，使示波器荧光屏上呈现一个周期稳定的欠阻尼响应波形，定量测定此时电路的衰减常数 α 和振荡频率 ω_d。

5. 改变一组电路参数，如增、减 L 或 C 的值，重复步骤 2 的测量，数据记入表 2.9.2 中。

改变电路参数时，注意仔细观察 ω_d 与 α 的变化趋势，并作记录。

表 2.9.2　　　　　　　　　　　　　　**二阶动态电路的响应测试**

电路参数＼实验次数	给定值				计算值	
	$R_1(\text{k}\Omega)$	R	$L(\text{mH})$	C	α	ω_d
1	10		4.7	1000pF		
2						
3	30	调至某一欠阻尼态		0.01μF		
4	10		15			
5				0.1μF		

五、实验注意事项

1. 用示波器定量测量时，微调旋钮应置"校准"位置。

2. 要细心、缓慢地调节变阻器 R，找准临界阻尼和欠阻尼状态。

3. 观察双踪时，应设法使显示稳定。

六、预习思考题

1. 根据二阶电路元件的参数，事先计算出临界阻尼状态的 R 之值。

2. 如何在示波器上测得二阶电路零输入响应欠阻尼状态的衰减常数 α 和振荡频率 ω_d？

七、实验报告

1. 根据观测结果，在方格纸上描绘二阶电路过阻尼、临界阻尼和欠阻尼的响应波形。

2. 测算欠阻尼振荡曲线上的 α 与 ω_d。

3. 归纳、总结电路元件参数的改变，对响应变化趋势的影响。

提示：欠阻尼状态下 α 与 ω_d 的测算。用示波器观察欠阻尼状态时响应端 U_0 输出的波形，应如图 2.9.4 所示，则：

$$\omega_d = 2\pi/T'$$

$$\alpha = \frac{1}{T'}\ln\frac{U_2}{U_1}$$

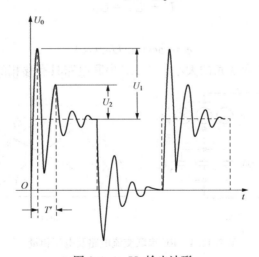

图 2.9.4　U_0 输出波形

实验十　单相交流电路及功率因数的提高

一、实验目的
1. 研究正弦稳态交流电路中电压、电流相量之间的关系。
2. 了解日光灯电路的特点，理解改善电路功率因数的意义并掌握其方法。

二、实验原理
1. 交流电路中电压、电流相量之间的关系在单相正弦交流电路中，各支路电流和回路中各元件两端的电压满足相量形式的基尔霍夫定律，即

$$\Sigma I = 0 \text{ 和 } \Sigma U = 0$$

图 2.10.1 所示的 RC 串联电路，在正弦稳态信号 U 的激励下，电阻上的端电压 U 与电路中的电流 I 同相位，当 R 的阻值改变时，U_R 和 U_C 的大小会随之改变，但相位差总是保持 90°，$\dot{U}_R$ 的相量轨迹是一个半圆，电压 $\dot{U}$、$\dot{U}_C$ 与 $\dot{U}_R$ 三者之间形成一个直角三角形。即

$$\dot{U} = \dot{U}_R + \dot{U}_C$$

相位角

$$\phi = \text{acrtan}(U_C/U_R)$$

改变电阻 R 时，可改变 ϕ 角的大小，故 RC 串联电路具有移相的作用。

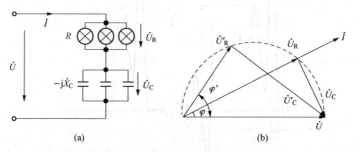

图 2.10.1　RC 串联交流电路及电压相量
（a）RC 串联电路；（b）电压相量

2. 交流电路的功率因数
交流电路的功率因数定义为有功功率与视在功率之比，即

$$\cos\phi = P/S$$

式中　ϕ 为电路的总电压与总电流之间的相位差。

交流电路的负载多为感性（如日光灯、电动机、变压器等），电感与外界交换能量本身需要一定的无功功率，因此功率因数比较低（$\cos\phi < 0.5$）。从供电方面来看，在同一电压下输送给负载一定的有功功率时，所需电流就较大；若将功率因数提高（如 $\cos\phi = 1$），所需电流就可小些。这样即可提高供电设备的利用率，又可减少线路的能量损失。所以，功率因数的大小关系到电源设备及输电线路能否得到充分利用。

为了提高交流电路的功率因数，可在感性负载两端并联适当的电容 C，如图 2.10.2 所

示。并联电容 C 以后，对于原电路所加的电压和负载参数均未改变，但由于 I_C 的出现，电路的总电流 $\dot{I}$ 减小了，总电压与总电流之间的相位差 ϕ 减小，即功率因数 $\cos\phi$ 得到提高。

3. 日光灯电路及功率因数的提高

日光灯电路由灯管 R、镇流器 L 和启辉器 S 组成，C 是补偿电容器，用以改善电路的功率因数，如图 2.10.3 所示。其工作原理如下：

当接通 220V 交流电源时，电源电压通过镇流器施加于启辉器两电极上，使极间气体导电，可动电极（双金属片）与固定电极接触。由于两电极接触不再产生热量，双金属片冷却

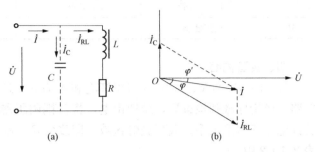

图 2.10.2 感性电路功率因数及改善
(a) 感性负载电路；(b) 相量图

复原使电路突然断开，此时镇流器产生一较高的自感电势经回路施加于灯管两端，而使灯管迅速起燃，电流经镇流器、灯管而流通。灯管起燃后，两端压降较低，起辉器不再动作，日光灯正常工作。

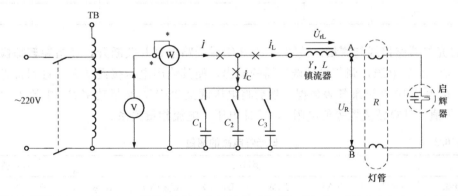

图 2.10.3 日光灯电路及功率因数提高

三、实验设备

实验设备如表 2.10.1 所示。

表 2.10.1 实 验 设 备

序号	名称	型号与规格	数量	备注
1	自耦调压器	0～220V	1	实验台
2	交流电流表	0～5A	1	实验台
3	交流电压表	500V	1	实验台
4	功率因数表		1	实验台
5	白炽灯泡	30W/220V	3	JSDG07A
6	镇流器	与 30W 灯管配用	1	JSDG07A
7	启辉器	与 30W 灯管配用	1	JSDG07A
8	电容器	1μF，2.2μF，4.7μF/400V		JSDG07A

续表

序号	名称	型号与规格	数量	备注
9	日光灯灯管	30W	1	实验台
10	电流插座		3	JSDG07A

四、实验内容

1. 用一只 220V、30W 的白炽灯泡和 $4.7\mu F/450V$ 电容器组成如图 2.10.1 所示的实验电路，经指导教师检查后，接通市电，将自耦调压器输出调至 220V。记录 U、U_R、U_C 值，验证电压三角形关系。改变亮灯盏数（即改变 R）和并联电容 C 之值，重复测量，数据记入表 2.10.2 中。

表 2.10.2   **验证电压△关系**

负载情况		测量值			计算值		
R	C	U(V)	U_R(V)	U_C(V)	U'	ΔU	$\varnothing$
30WR3	$4.7\mu F$						
30WR2	$4.7\mu F$						
30WR1	$2.2\mu F$						

2. 日光灯线路接线与测量。按图 2.10.3 组成线路电容开关断开，经指导教师检查后接通市电交流 220V 电源，调节自耦调压器的输出，使其输出电压缓慢增大，直到日光灯刚启辉点亮，按表 2.10.3 记录各表数据。然后将电压调至 220V，测量功率 P、电流 I、电压 U、U_L、U_R 等值，计算镇流器等值电阻 r，验证电压、电流相量关系。

表 2.10.3   **日光灯电路的测量**

日光灯	测量值						计算值	
工作状态	U(V)	I(A)	P(W)	U_R(V)	U_{RL}(V)	$\cos\phi$	$r(\Omega)$	$\cos\phi$
启辉状态								
正常工作								

3. 并联电路——电路功率因数的改善。

在 2 基础上接通电容，经指导老师检查后，接通市电，将自耦调压器的输出调至 220V，记录功率表，电压表读数，通过一只电流表和 3 个电流插孔分别测得 3 条支路的电流，改变电容值，进行重复测量。数据记入表 2.10.4 中。

表 2.10.4   **并联电路的测量**

电容值(μF)	测量值						计算值	
	P(W)	U(V)	I(A)	I_L(A)	I_C(A)	$\cos\phi$	I'(A)	$\cos'\phi$
0								
1								

续表

电容值(μF)	测量数值						计算值	
	P(W)	U(V)	I(A)	I_L(A)	I_C(A)	$\cos\phi$	I'(A)	$\cos'\phi$
2.2								
3.2								
4.7								

五、实验注意事项

1. 本实验用交流市电 220V，务必注意用电和人身安全。

2. 功率表要正确接入电路，读数时要注意量程和实际读数的折算关系。

3. 线路接线正确，日光灯不能启辉时，应检查启辉器及其接触是否良好。

六、预习思考题

1. 参阅课外资料，了解日光灯的启辉原理。

2. 在日常生活中，当日光灯上缺少了启辉器时，人们常用一根导线将启辉器的两端短接一下，然后迅速断开，使日光灯点亮；或用一只启辉器去点亮多只同类型的日光灯，这是为什么？

3. 为了提高电路的功率因数，常在感性负载上并联电容器，此时增加了一条电流支路，试问电路的总电流是增大还是减小，此时感性元件上的电流和功率是否改变？

4. 提高线路功率因数为什么只采用并联电容器法，而不用串联法？所并的电容器是否越大越好？

5. 若日光灯在正常电压下不能启动点燃，如何用电压表测出故障发生的位置？试简述排除故障的过程。

七、实验报告

1. 完成数据表格中的计算，进行必要的误差分析。

2. 根据实验数据，分别绘出电压、电流相量图，验证相量形式的基尔霍夫定律。

3. 讨论改善电路功率因数的意义和方法。

4. 装接日光灯线路的心得体会及其他。

实验十一　　RLC 串联谐振电路

一、实验目的

1. 研究谐振电路的特点，掌握电路品质因数 Q 的物理意义。

2. 学习用示波器测试 RLC 串联电路的幅频特性曲线，观测串联谐振现象。

二、实验原理

1. RLC 串联谐振电路

在图 2.11.1 所示的 RLC 串联电路中，当正弦交流信号源的频率 f 改变而幅值 U_i 维持不变时，电路中的感抗、容抗随之而变，电路中的电流也随 f 而变：

$$\dot{I} = \frac{U_i}{(R+r) + \mathrm{j}\left(\omega L - \dfrac{1}{\omega C}\right)}$$

当 $\omega L = 1/\omega C$ 时，电路产生谐振，谐振频率

$$f_o = \frac{1}{2\pi\sqrt{LC}}$$

取电阻 R 上的电压 U_o 作为响应，当输入电压 U_i 维持不变时，在不同信号频率的激励下，测出 U_o 之值，然后以 f 为横坐标，以电流 $I(I = U_o/R)$ 为纵坐标，绘出光滑的曲线，此即为电流谐振曲线，如图 2.11.2 所示。

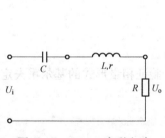

图 2.11.1　RLC 串联电路

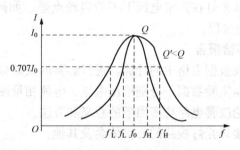

图 2.11.2　谐振曲线

2. 串联谐振时的特征

(1) 阻抗 $Z_0 = R + r$ 为最小，且是纯电阻性的。

(2) 感抗与容抗相等，即 $X_l = X_c$。

(3) 谐振电流 $\dot{I}_o$ 与输入电压 $\dot{U}_i$ 同相位，数值上 $I_o = \dfrac{U_i}{R+r}$ 为最大。

(4) 当 $X_l = X_c > R$ 时，$U_{l0} = U_{c0} = QU_i$，当 Q 值很大时，$U_l = U_c \gg U_i$ 称之为过电压现象。

3. 谐振电路的品质因数

RLC 串联谐振电路品质因数 Q 的定义为：

$$Q = U_{L0}/U_i = U_{c0}/U_i \text{ 或 } Q = \frac{\omega_o L}{R+r} = \frac{1}{\omega_o(R+r)C}$$

Q 值大小取决于电路参数 X_L 或 X_C 与 $(R+r)$ 的比值。故可通过测量谐振时 C 和 L 上的电压 U_{C0} 和 U_{L0} 及输入电压 U_i，从而求得 Q 值的大小。

从另一角度讲，Q 值的大小反映了中心频率 f_0 与通频带宽度 (f_h-f_L) 的比值的大小，即

$$Q = f_0/(f_h - f_L)$$

式中　f_0 为谐振频率；f_h 和 f_L 失谐时，幅度下降到最大值的 $1/\sqrt{2}(=0.707)$ 倍时的上、下频率点。

Q 值越大，曲线越尖锐，通频带越窄，电路的选择性越好。在恒压源供电时，电路的品质因数、选择性与通频带只决定于电路本身的参数，而与信号源无关。

三、实验设备

实验设备如表 2.11.1 所示。

表 2.11.1　　　　　　　　　　　　　　实　验　设　备

序号	名称	型号与规格	数量	备注
1	函数信号发生器		1	实验台
2	交流毫伏表		1	自备
3	双踪示波器		1	自备
4	谐振电路实验电路板	$R=330\Omega$，$1k\Omega$ $C=0.01\mu F$ $L=25mH$		JSDG02

四、实验内容与步骤

按图 2.11.3 组成测量电路，取 $R=330\Omega$，用交流毫伏表监测信号源输出电压，使 $U_i = 1V$，并保持不变。

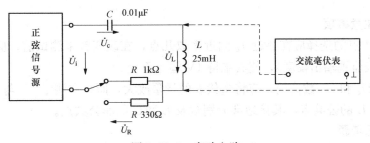

图 2.11.3　实验电路

1. 寻找谐振点观察谐振现象

谐振时应满足 3 个条件：①维持 $U_i = 4V$ 不变；②电路中的电流 I（或 U_R）为最大；③U_L 应略大于 U_C（线圈中包含有导线电阻 r）。

先估算出谐振频率 f'_0，并将毫伏表接在 R（330Ω）两端，令信号源的频率在 f'_0 左右由小逐渐变大（注意要维持信号源的输出幅度不变），当 U_R 的读数为最大时，读得的频率值即为实际的谐振频率 f_0，同时测出谐振时的 UR_0、U_{C0} 与 U_{L0} 之值（注意及时更换毫伏表的量限），计算谐振电流 I_0 和电路的品质因数 Q，数据记入表 2.11.2 中。

表 2.11.2   谐振点测试

R (Ω)	F_o'(Hz)	f_o(Hz)	UR_0(V)	U_{L0}(V)	U_{C0}(V)	I_o(mA)	Q
330							
1k							

2. 测绘谐振曲线

在谐振点 f_o 两侧，按频率递增或递减依次各取 8 个测量点（f_o 附近多取几点），逐点测出 U_R 值，计算出响应的电流值，数据记入表 2.11.3 中。

表 2.11.3   谐振曲线的测量

测量值 ╲ f（kHz）								
U_R（V）								
$I=U_R/R$（mA）								
$U_i=1V$, $R=330\Omega$								

3. 重复测量

改变电阻值，取 $R=1\text{k}\Omega$，重复上述步测量过程，数据记入表 2.11.4 中。

表 2.11.4   谐振曲线的测量

测量值 ╲ f（kHz）								
U_R（v）								
$I=U_R/R$（mA）								
$U_i=1V$, $R=1000\Omega$								

五、实验注意事项

1. 测试频率点的选择应在靠近 f_o 附近多取几点，在改变频率测试前，应调整信号输出幅度（用毫伏表监视输出幅度），使其维持 1V 输出不变。

2. 在测量 U_C 和 U_L 数值前，应将毫伏表的量限改大，而且在测量 U_L 与 U_C 时毫伏表的"＋"端接 C 与 L 的公共点，其接地端分别触及 L 和 C 的非公共点。

六、预习思考题

1. 根据实验线路板给出的元件参数值，估算电路的谐振频率。

2. 改变电路的哪些参数可以使电路发生谐振，如何判别电路是否发生谐振？

3. 电路发生串联谐振时，为什么输入电压不能太大？如果信号源给出 1V 的电压，电路谐振时，用交流毫伏表测 U_L 和 U_C，应该选择用多大的量限？

4. 电路谐振时，对应的 U_L 与 U_C 是否相等？如有差异，原因何在？

5. 影响 RLC 串联电路的品质因数的参数有哪些？

七、实验报告

1. 根据测量数据，再同一坐标中绘出不同 Q 值时的两条电流谐振曲线 $I_o=f(f)$。

2. 计算出通频带与 Q 值，说明不同的 R 值对电路通频带与品质因数的影响。

3. 对测 Q 值的两种不同的方法进行比较，分析误差原因。

4. 谐振时，比较输出电压 U_o 与输入电压 U_i 是否相等？试分析原因。

5. 通过本次实验，总结、归纳串联谐振电路的特性。

实验十二　双口网络参数的测定

一、实验目的

1. 加深理解双口网络的基本理论。
2. 掌握直流双口网络传输参数和混合参数的测量方法。
3. 验证互易双口的互易条件和对称互易双口的对称条件。

二、实验原理

1. 双口网络的基本理论

在大型电路分析中，对任何一个"大"网络，可以将其分解为两个单口网络，也可以根据需要将其拆分为两个单口网络和一个双口网络。对双口网络来说它的每一个端口都只有一个电流变量和一个电压变量。在电路参数未知的情况下，可以通过实验测定方法，求取一个极其简单的等值双口电路来替代原双口网络，此即"黑盒理论"的基本内容。

2. 双口网络参数方程

对于图 2.12.1 所示的无源双口网络，4 个电压电流变量之间的关系，可以用多种形式的参数方程来表示。本实验只研究传输参数方程和混合参数方程。

图 2.12.1　双口网络端口电压、电流的测定

（1）传输（T）参数方程。

以输出口变量 U_2、I_2 为自变量，输入口变量 U_1、I_1 为应变量，采用关联参考方向，可以列出传输型参数方程：

$$U_1 = AU_2 - BI_2$$
$$I_1 = CU_2 - DI_2$$

式中　A、B、C、D 为双口网络的 T 参数。

（2）混合（H）参数方程。

以入口电流 I_1 和出口电压 U_2 为自变量，入口电压 U_1 和出口电流 I_2 为应变量的混合型参数方程为：

$$U_1 = H_{11}I_1 + H_{12}U_2$$
$$I_2 = H_{21}I_1 + H_{22}U_2$$

式中　H_{11}、H_{12}、H_{21} 和 H_{22} 为双口网络的 H 参数。

3. 双口网络参数的测试

（1）同时测量法。

传输方程中 4 个 T 参数

$$A = \frac{U_1}{U_2}\bigg|_{I_2=0} \qquad B = \frac{U_1}{I_2}\bigg|_{U_2=0}$$

$$C = \frac{I_1}{U_2}\bigg|_{I_2=0} \qquad D = \frac{I_1}{I_2}\bigg|_{U_2=0}$$

故可在输出端（$I_2=0$）或短路（$U_2=0$）的情况下，在输入口加上电压，在两个端口同时测量其电压、电流值，即可求出 4 个 T 参数，这种方法称为同时测量法。

（2）混合测量法。

混合型参数方程中的 4 个 H 参数

$$H_{11} = \frac{U_1}{I_1}\bigg|_{U_2=0} \qquad H_{12} = \frac{U_1}{U_2}\bigg|_{I_1=0}$$

$$H_{21} = \frac{I_2}{I_1}\bigg|_{U_2=0} \qquad H_{22} = \frac{I_2}{U_2}\bigg|_{I_1=0}$$

因此 4 个 H 参数可以先在输入口加上电压，将输出端短路（$U_2=0$），测出 U_1、I_1 和 I_2；再在输出口加电压，将输入端开路（$I_1=0$），测出 U_2、I_2 和 U_1，再计算得出，这种方法称之为混合测量法。

（3）分别测量法。

在实际测量由远距离输电线构成的双口网络的参数时，采用同时测量法或混合测量法就很不方便，这时可采用分别测量法，即先在输入口加电压，而将输出口开路和短路，在输入端测量电压和电流。由传输方程可得：

$$R_{10} = \frac{U_1}{I_1}\bigg|_{I_2=0} = \frac{A}{C} \qquad R_{1S} = \frac{U_1}{I_1}\bigg|_{U_2=0} = \frac{B}{D}$$

然后将输入口开路和短路在输出口加电压并测量，此时有：

$$R_{20} = \frac{U}{I_2}\bigg|_{I_1=0} = \frac{D}{C} \qquad R_{2S} = \frac{U_2}{I_2}\bigg|_{U_1=0} = \frac{B}{A}$$

式中　R_{10}、R_{1S}、R_{20}、R_{2S} 分别表示一端口开路和短路时另一端口的等效输入电阻。

4. 互易双口网络和对称双口网络

（1）把只含有 R、L 和 C 的无源双口网络定义为互易双口，含受控源的双口通常是非互易的。图 2.12.2 所示电路为互易 T 型网络。

根据互易定理可知：互易双口的任一组参数中只有 3 个是独立的。

互易条件：$\Delta T = AD - BC = 1$ 或 $h_{21} = -h_{12}$

（2）如果一个互易网络，它的两个端口可以交换而端口电压、电流的数值不变，这个网络便是对称的。图 2.12.3 所示电路为对称互易 π 型网络。对称双口的任一组参数中只有 2 个是独立的，除了满足互易条件以外，还满足对称条件：

$$A = D \text{ 或 } \Delta H = H_{11}H_{22} + H_{12}^2 = 1$$

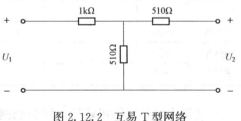

图 2.12.2　互易 T 型网络

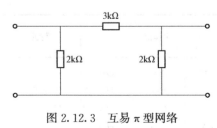

图 2.12.3　互易 π 型网络

5. 双口网络的级联

由电路分析理论可知两个子双口可以进行互联（串联、并联和级联），互联后的网络仍为双网络。本实验只研究两个双口的级联，即一个双口的输出与另一个双口的输入口相连。

级联后的双口传输参数与两个子双口传输参数之间的关系可用矩阵表示为：

$$T = T_a \cdot T_b = \begin{bmatrix} A_1 & B_1 \\ C_1 & D_1 \end{bmatrix} \begin{bmatrix} A_2 & B_2 \\ C_2 & D_2 \end{bmatrix} \begin{bmatrix} A & B \\ C & D \end{bmatrix}$$

即 $A = A_1 A_2 + B_1 C_2$ $\qquad B = A_1 B_2 + B_1 D_2$

$\quad C = C_1 A_2 + D_1 C_2$ $\qquad D = C_1 B_2 + D_1 D_2$

三、实验设备

实验设备如表 2.12.1 所示。

表 2.12.1　　　　　　　　　　　　实 验 设 备

序号	名称	型号与规格	数量	备注
1	可调直流稳压电源	0~32V	1	实验台
2	直流数字电压表	500V	1	JSZN02
3	直流数字毫安表	500mA	1	JSZN02
4	双口网络实验电路板		1	JSDG02

四、实验内容与步骤

本实验的两个双口网络分别如图 2.12.2 和图 2.12.3 所示。电源采用直流稳压电源，输出电压调至 8V。

1. 按同时测量法分别测定两个双口网络的 T 参数，数据记入表 2.12.2 中，并列出它们的传输方程、验证互易条件和对称条件。

表 2.12.2　　　　　　　　　　　　同时测量法

电路状态		测量值				计算值				验证
		U_1	I_1	U_2	I_2	A	B	C	D	ΔT
网络 I 输出端	开路				0					
	短路			0						
网络 II 输出端	开路				0					
	短路			0						

2. 将两个双口网络级联后，用分别测量法和混合测量法，测量级联后的双口网络的 4 个 T 参数 A、B、C、D 和 4 个 H 参数，并验证互易双口条件和级联后的双口 T 参数与两个子双口 T 参数之间的关系，数据和计算结果一并记入表 2.12.3 中。

表 2.12.3　　　　　　　　　　　　级联后的参数测试

电路状态		测量值				计算值			验证
		U_1	I_1	U_2	I_2				
输出端	开路				0	$R_{10}=$	$A=$	H_{11}	
	短路			0		$R_{1S}=$	$B=$	H_{12}	ΔT
输入端	开路		0			$R_{20}=$	$C=$	H_{21}	$H_{12}+H_{21}$
	短路	0				$R_{2S}=$	$D=$	H_{22}	

五、实验注意事项

1. 用电流插头插座测量电流时，要注意判别电流表的极性及选取合适的量程（根据所给的电路参数，估算电流表量程）。

2. 两个双口网络级联时，应将一个双口网络 I 的输出端与另一个双口网络 II 的输入端连接。

3. 电流插头与插孔的接触要好，否则会影响测试结果。

六、预习思考题

1. 试述双口网络同时测量法、混合测量法及分别测量法的测量步骤、优缺点及其适用情况。

2. 本实验方法可否用于交流双口网络的测定？

3. 互易双口网络的互易条件是什么？对称互易双口网络的对称条件是什么？

七、实验报告

1. 完成对数据表格的测量和计算任务，注意有效位数的取舍给计算带来的误差。

2. 根据所求参数，分别列写 3 个网络的 T 参数方程和 H 参数方程。

3. 验证级联后等效双口网络的传输参数与级联的两个双口网络传输参数之间的关系。

4. 由测得的参数判别本实验网络是否是互易网络和对称网络。

5. 总结、归纳双口网络的测试技术。

实验十三　三相交流电路的研究

一、实验目的

1. 掌握三相负载作 Y 接、△接的方法，验证这两种接法下线、相电量之间的关系。

2. 充分理解三相四线供电系统中中线的作用。

二、原理说明

在三相电源对称的情况下，三相负载可以接成星形（Y 接）或三角形（△接）。

1. 负载作 Y 形联接

当负载采用三相四线制（Yo）联接时，即在有中线的情况下，不论负载是否对称，线电压 U_l 是相电压 U_P 的 $\sqrt{3}$ 倍，线电流 I_l 等于相电流 I_p，即

$$U_l = \sqrt{3}U_P, I_l = I_p$$

当负载对称时，各相电流相等，流过中线的电流 $I_\circ = 0$，所以可以省去中线。

若三相负载不对称而又无中线（即三相三线制 Y 接）时，$U_p \neq 1/\sqrt{3}U_l$，负载的三个相电压不再平衡，各相电流也不相等，致使负载轻的那一相因相电压过高而遭受损坏，负载重的一相也会因相电压过低不能正常工作。所以，不对称三相负载作 Y 联接时，必须采用三相四线制接法以保证三相不对称负载的每相电压维持对称不变。

2. 负载作△形联接

当三相负载作△形联接时，不论负载是否对称，其相电压均等于线电压，即 $U_l = U_p$；若负载对称时，其相电流也对称，相电流与线电流之间的关系为：$I_l = \sqrt{3}I_p$；

若负载不对称时，相电流与线电流之间不再是 $\sqrt{3}$ 的关系，即：$I_l \neq \sqrt{3}I_p$。

当三相负载作△形联接时，不论负载是否对称，只要电源的线电压 U_l 对称，加在三相负载上的电压 U_p 仍是对称的，对各相负载工作没有影响。

3. 三相电源及相序的判断

三相电源的相序是相对的，表明了三相正弦交流电压到达最大值的先后次序。

判断三相电源的相序可以采用图 2.13.1 所示的相序指示器电路，它是由一个电容器和两个瓦数相同的白炽灯联接成的 Y 接不对称三相电路。假定电容器所接的是 A 相，则灯光较亮的一相接的是电源的 B 相，灯光较暗的一相即为电源的 C 相（可以证明此时 B 相电压大于 C 相电压）。

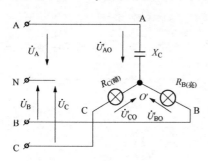

图 2.13.1　相序指示器电路

三、实验设备

实验设备如表 2.13.1 所示。

表 2.13.1　　　　　　　　　　　　　实 验 设 备

序号	名称	型号与规格	数量	备注
1	交流电压表	500V	1	实验台
2	交流电流表	5A	1	实验台
3	万用表		1	
4	三相自耦调压器		1	实验台
5	三相灯组负载	220V/30W 白炽灯	9	JSDG07A
6	电流插孔		6	JSDG07A

四、实验内容

1. 三相负载星形联接

按图 2.13.2（左侧部分）连接实验电路，三相对称电源经三相自耦调压器接到三相灯组负载，首先检查三相调压器的旋柄是否置于输出为 0V 的位置（即逆时针旋到底的位置），经指导教师检查合格后，方可合上三相电源开关，然后调节调压器的旋柄，使输出的三相线电压为 220V。

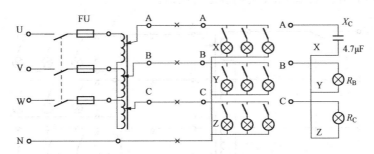

图 2.13.2　三相负载的星形联接

（1）三相四线制 Yo 形联接（有中线）。

按表 2.13.2 要求，测量有中线时三相负载对称和不对称情况下的线/相电压、线电流和中线电流之值，并观察各相灯组亮暗程度是否一致，注意观察中线的作用。

表 2.13.2　　　　　　　　　　　　三相四线制 Yo 形联接

负载情况			测量数据									中线电流 I_O (A)
开灯盏数			线电流（A）			线电压（V）			相电压（V）			
A 相	B 相	C 相	I_A	I_B	I_C	U_{AB}	U_{BC}	U_{CA}	U_{AO}	U_{BO}	U_{CO}	
25WX3	25WX3	25WX3										
25WX1	25WX2	25WX3										
25WX1	断路	25WX3										

（2）三相三线制 Y 形联接（断开中线）。

将中线断开，测量无中线时三相负载对称和不对称情况下的各电量，特别注意不对称负载时电源中性点与负载中性点间的电压的测量。将所测得的数据记入表 2.13.3 中，并观察各相灯组亮暗的变化情况。

表 2.13.3 　　　　　　　　　　　　　　　　　　**三相三线制Y形联接**

负载情况 开灯盏数			测量数据									中线电流 I_O(A)	中点电压 U_N(A)
			线电流（A）			线电压（V）			相电压（V）				
A相	B相	C相	I_A	I_B	I_C	U_{AB}	U_{BC}	U_{CA}	U_{AO}	U_{BO}	U_{CO}		
30WX3	30WX3	30WX3											
30WX1	30WX2	30WX3											
30WX1	断路	30WX3											

（3）判断三相电源的相序。

将 A 相负载换成 $4.7\mu F$ 电容器（图 2.13.2 负载换成右侧部分），B、C 相负载为相同瓦数的灯泡，根据灯泡的亮度判断所接电源的相序。

2. 三相三线制△形联接

按图 2.13.3 改接线路，经指导教师检查合格后接通三相电源，并调节调压器，使其输出线电压为 220V，并按表 2.13.4 的内容进行测试。

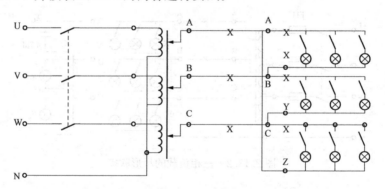

图 2.13.3　三相负载的三角形联接

表 2.13.4 　　　　　　　　　　　　　　　　　　**三相负载三角形联接**

测量数据 负载情况	开灯盏数			线电压（V）			线电流（A）			相电流（A）		
	A－B相	B－C相	C－A相	U_{AB}	U_{BC}	U_{CA}	I_A	I_B	I_C	I_{AB}	I_{BC}	I_{CA}
三相平衡	3	3	3									
三相不平衡	1	2	3									

五、实验注意事项

1. 本实验采用线电压为 380V 的三相交流电源，经调压器输出为 220V，实验时要注意人身安全，不可触及导电部件，防止意外事故发生。

2. 每次接线完毕，同组同学应自查一遍，确认正确无误后方可接通电源。实验中必须严格遵守"先接线、后通电""先断电、后拆线"的安全实验操作规则。

六、预习思考题

1. 三相负载根据什么条件作星形或三角形联接？

2. 复习三相交流电路有关内容，试分析三相星形联接不对称负载在无中线情况下，当某相负载开路或短路时会出现什么情况？如果接上中线，情况又如何？

3. 本次实验中为什么要通过三相调压器将 380V 的线电压降为 220V 的线电压使用？

七、实验报告

1. 用实验测得的数据验证对称三相电路中的 $\sqrt{3}$ 关系。

2. 用实验数据和观察到的现象，总结三相四线供电系统中中线的作用。

3. 不对称三角形联接的负载，能否正常工作？实验是否能证明这一点？

4. 根据不对称负载三角形联接时的相电流值作相量图，并由相量图求出线电流之值，然后与实验测得的线电流作比较。

实验十四　三相电路功率的测量

一、实验目的

1. 掌握用一表法、二表法测量三相电路有功功率与无功功率的方法。
2. 进一步熟练掌握瓦特表的接线和使用方法。

二、实验原理

根据负载的联接方式的不同，三相电路有功功率可以采用一表法、两表法和三表法来测量。

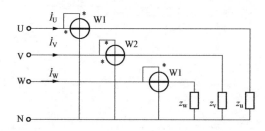

图 2.14.1　三表法测 YO 接连负载的有功功率

1. 三表法

对于三相四线制供电的星接三相负载（即 YO 接法），可用三只功率表分别测量各相负载的有功功率 P_A、P_B、P_C，三相功率之和（$\Sigma P = P_A + P_B + P_C$）即为三相负载的总有功功率值。实验线路如图 2.14.1 所示。其联接特点为：每一表的电流线圈串接在每一相负载中，其极性端（＊I）接在靠近电源侧；而电压线圈的极性端（＊U）各自接在电流线圈的极性端（＊I）上，电压线圈的非极性端均接到中性线 NO 上。

2. 一表法

若三相负载是对称的，则只需测量一相的功率即可，该相功率乘以 3 即得三相总的有功功率。

3. 二表法

二表法适用于负载 Y 接和△接的三相三线制系统功率的测量。其接线如图 2.14.2 所示。三相功率 P 等于两表中的读数之和，即

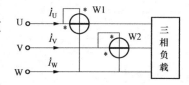

图 2.14.2　二表法测三相有功功率

$$P = P_1 + P_2$$

三、实验设备

实验设备如表 2.14.1 所示。

表 2.14.1　　　　　　　　　　实 验 设 备

序号	名称	型号与规格	数量	备注
1	交流电压表	500V	1	实验台
2	交流电流表	5A	1	实验台
3	单相功率表		1	实验台
4	三相自耦调压器		1	实验台
5	三相灯组负载	220V/40W 白炽灯	9	JSDG07A
6	三相电容负载	1、2.2、4.7μF/400V	各 3	JSDG07A

四、实验内容

1. 用三表法测量 YO 接三相负载的有功功率

按图 2.14.1 线路接线，线路中的电流和电压不要超过功率表电压线圈和电流线圈的量程。经指导教师检查后，接通三相电源，调节调压器输出，按表 2.14.2 的要求进行测量及计算。

表 2.14.2　　　　　　　　　　测定三相四线 YO 接负载的有功功率

负载情况	开灯盏数			测量数据			计算值
	A 相	B 相	C 相	$P_A(W)$	$P_B(W)$	$P_C(W)$	$\Sigma P(W)$
YO 接对称负载	3	3	3				
YO 不接对称负载	1	2	3				

2. 用二表法测量三相三线制 Y 接三相负载的有功功率

按图 2.14.2 线路接线，线路中的电流和电压不要超过功率表电压线圈和电流线圈的量程。经指导教师检查后，接通三相电源，调节调压器输出，按表 2.14.3 的要求进行测量及计算。

表 2.14.3　　　　　　　　　　测定三相三线 Y 接负载的有功功率

负载情况	开灯盏数			测量数据		计算值
	A 相	B 相	C 相	$P_1(W)$	$P_2(W)$	$\Sigma P(W)$
Y 接对称负载	3	3	3			
Y 不接对称负载	1	2	3			

五、实验注意事项

1. 每次实验完毕，均需将三相调压器旋柄调回零位。
2. 每次改变接线，均需断开三相电源，以确保人身安全。

六、预习思考题

1. 复习两表法测量三相电路有功功率的原理，画出功率表另外两种联接方法的电路图。
2. 复习一表法测量三相对称负载有功功率的原理。

七、实验报告

1. 完成数据表格中的各项测量和计算任务，比较三表法和二表法的测量结果。
2. 总结、分析三相电路有功功率的测量原理及电路特点。

实验十五　电动机Y—△启动手动控制线路

一、实验目的

1. 掌握接触器、热继电器、按钮的原理和使用方法，理解电动机 Y—△降压启动原理。
2. 熟练掌握电动机控制线路的接线方法。

二、实验原理

对称三相电路中，电源线电压 U_L 一定时，三相负载三角形联接时，线电流相当于负载星形联接时的 3 倍，三相异步电动机启动时电流较大，因此在电动机启动初期接成星形，转速达到一定值时恢复成三角形，能有效降低启动电流。

三、实验设备

实验设备如表 2.15.1 所示。

表 2.15.1　实　验　设　备

代号	名称	型号	规格	数量	备注
QF	低压断路器	DZ47 - 63	D10A	1 只	
KM	交流接触器	CJ20 - 10	AC220V	3 只	JSDG5 - 13
SB	按钮	LA4 - 3H		3 只	JSDG5 - 13
FR	热继电器	JRS2 - 63/F	1.1A	1 只	JSDG5 - 13
M	三相鼠笼式异步电动机	JSDJ43	380V 180W	1 台	

四、实验电路图

实验电路如图 2.15.1 所示。

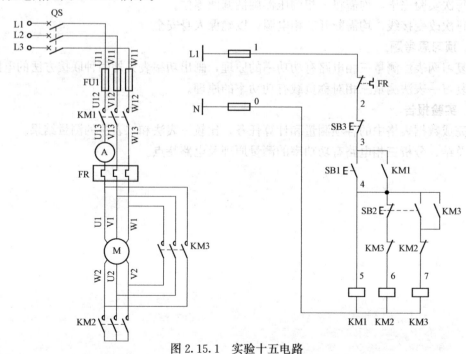

图 2.15.1　实验十五电路

五、实验过程

先合上电源开关 QS。

1. 电动机 Y 形接法降压启动：

2. 电动机△形接法全压运行：当电动机转速上升并接近额定值时：

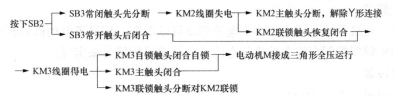

停止时按下 SB3 即可实现。

六、检测与调试

按照图 2.15.1 确认接线正确后，可接通交流电源，合上开关 QS，按下 SB1，控制线路的动作过程应按原理所述，若操作中发现不正常现象，应断开电源分析排除后重新操作。

七、注意事项

1. 断开电源接线，先接主电路，再接控制线路，不同的线路所用导线的颜色最好有区别，这样有利于故障排查。

2. 本次实验所用电源电压为 380V，注意安全。

实验十六 三相异步电动机正反转控制线路

一、实验目的

1. 熟悉接触器、热继电器、按钮的使用方法，理解电动机正反转原理。
2. 进一步熟练掌握电动机控制线路的接线方法。

二、实验原理

三相异步电动机旋转过程中，改变电源相序可以改变三相异步电动机的转向，在控制线路中通常采用接触器控制交换电动机任意两条电源进线的接头来实现。

三、实验设备

实验设备如表 2.16.1 所示。

表 2.16.1   实 验 设 备

代号	名称	型号	规格	数量	备注
QF	低压断路器	DZ47 - 63	D10A	1 只	
KM	交流接触器	CJ20	AC220V	2 只	JSDG5 - 13
SB	按钮	LA38		3 只	JSDG5 - 13
FR	热继电器	JRS2	1.1A	1 只	JSDG5 - 13
M	三相鼠笼式异步电动机	JSDJ43	380V 180W	1 台	

四、实验电路图

实验电路如图 2.16.1 所示。

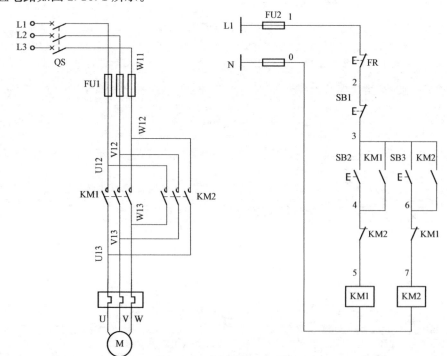

图 2.16.1 实验十六电路

五、实验过程

控制线路的动作过程是：

（1）正转控制：合上电源开关 QS，按正转启动按钮 SB2，正转控制回路接通：

L1→ 2 → FR→ SB1→ SB2→KM2常闭触头

→KM1线圈→KM1常开触头闭合自锁

1　　└──→KM1常闭触头断开对KM2联锁

接触器 KM1 的线圈通电动作，主触头闭合，主电路 U1、V1、W1 相序接通，电动机正转。

（2）反转控制：要使电动机改变转向（即由正转变为反转）时，应先按下停止按钮 SB1，使正转控制电路断开，电动机停转，然后才能使电动机反转。为什么要这样操作呢？因为反转控制回路中串联了正转接触器 KM1 的常闭触头。当 KM1 通电工作时，它是断开的，若这时直接按反转按钮 SB3，反转接触器 KM2 是无法通电的，电动机也就得不到电源，电动机仍然处在正转状态，不会反转，当先按下停止按钮 SB1，使电动停转以后，再按下反转按钮 SB3，电动机才会反转。这时，反转线控制线路为：

L1→ 2 → FR→ SB1→ SB3→KM1常闭触头

→KM2线圈→KM2常开触头闭合自锁

1　　└──→KM2常闭触头断开对KM1联锁

反转接触器 KM2 通电动作，主触头闭合，主电路接 W1、V1、U1 相序接通，电动机电源相序改变了，故电动机作反向旋转。

六、检测与调试

按照图 2.16.1 接线，仔细检查确认接线无误后，接通交流电源，若不能正常工作，则应分析并排除故障，使线路正常工作。

七、注意事项

1. 断开电源接线，先接主电路，再接控制线路，不同的线路所用导线的颜色最好有区别，这样有利于故障排查。

2. 本次实验所用电源电压为 380V，注意安全。

八、拓展练习

1. 图 2.16.1 在电动机转动过程中如果想改变转向必须先按下停止按钮，试一试按照图 2.16.2 接线可以在转动过程中直接反转。

2. 写出图 2.16.2 的动作过程。

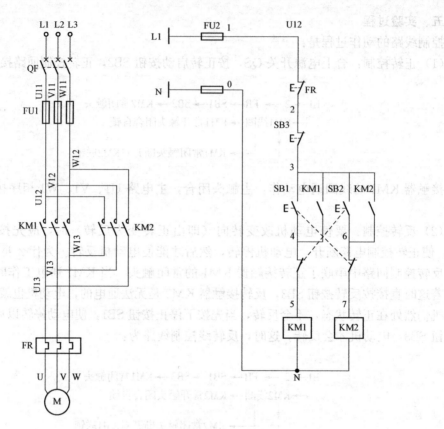

图 2.16.2   拓展练习实验图

第三部分　电子技术实验

实验一　常用电子仪器的使用

一、实验目的

1. 学习电子电路实验中常用的电子仪器——示波器、函数信号发生器、直流稳压电源、交流毫伏表、频率计等的主要技术指标、性能及正确使用方法。

2. 初步掌握用双踪示波器观察正弦信号波形和读取波形参数方法。

二、实验原理

在模拟电子电路实验中，经常使用的电子仪器有示波器、函数信号发生器、直流稳压电源、交流毫伏表及频率计等。它们和万用电表一起，可以完成对模拟电子电路的静态和动态工作情况的测试。

实验中要对各种电子仪器进行综合使用，可按照信号流向，以连线简捷，调节顺手，观察与读数方便等原则进行合理布局。模拟电子电路中常用电子仪器布局如图 3.1.1 所示。接线时应注意，为防止外界干扰，各仪器的公共接地端应连接在一起，称共地。信号源和交流毫伏表的引线通常用屏蔽线或专用电缆线；示波器接线使用专用电缆线，即同轴电缆线；直流电源的接线使用普通导线。

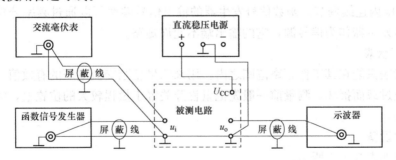

图 3.1.1　模拟电子电路中常用电子仪器布局

1. 示波器

示波器是一种用途很广的电子测量仪器，它既能直接显示电信号的波形，又能对电信号进行各种参数的测量。现着重指出下列几点：

（1）寻找扫描光迹：将示波器 Y 轴显示方式置"Y₁"或"Y₂"，输入耦合方式置"GND"。开机并预热后，若在显示屏上不出现光点和扫描基线，可按下列操作去找到扫描线：

①适当调节亮度旋钮。

②触发方式开关置"自动"。

③适当调节垂直（↑↓）、水平（← →）"位移"旋钮，使扫描光迹位于屏幕中央。若示波器设有"寻迹"按键，可按下"寻迹"按键，判断光迹偏移基线的方向。

（2）双踪示波器一般有 5 种显示方式，即"Y_1""Y_2""Y_1+Y_2"3 种单踪显示方式和"交替""断续"2 种双踪显示方式。"交替"显示一般在输入信号频率较高时使用；"断续"显示一般在输入信号频率较低时使用。

（3）为了显示稳定的被测信号波形，"触发源选择"开关一般选为"内"触发，使扫描触发信号取自示波器内部的 Y 通道。

（4）触发方式开关通常先置于"自动"位置，待调出波形后，若被显示的波形不稳定，可置触发方式开关于"常态"位置，通过调节"触发电平"旋钮找到合适的触发电压，使被测试的波形稳定地显示在示波器屏幕上。

有时，由于选择了较慢的扫描速率，显示屏上将会出现闪烁的光迹，但被测信号的波形不在 X 轴方向左右移动，这样的现象仍属于稳定显示。

（5）适当调节"扫描速率"开关及"Y 轴灵敏度"开关，使屏幕上显示 1~2 个周期的被测信号波形。在测量幅值时，应注意将"Y 轴灵敏度微调"旋钮置于"校准"位置，即顺时针旋转到底且听到关的声音。在测量周期时，应注意将"X 轴扫速微调"旋钮置于"校准"位置，即顺时针旋转到底，且听到关的声音。还要注意"扩展"旋钮的位置及使用范围。

根据被测波形在屏幕坐标刻度上垂直方向所占的格数（div 或 cm）与"Y 轴灵敏度"开关指示值（V/div）的乘积，即可算得信号幅值的实测值。

根据被测信号波形的一个周期在屏幕坐标刻度水平方向所占的格数（div 或 cm）与"扫速"开关指示值（t/div）的乘积，即可算得信号频率的实测值。

2. 函数信号发生器

函数信号发生器按需要输出正弦波、方波、三角波 3 种信号波形。输出电压最大可达峰—峰值 20V。通过输出衰减开关和输出幅度调节旋钮，可使输出电压在毫伏（mV）级到伏（V）级范围内连续调节。函数信号发生器的输出信号频率可以通过频率分挡开关进行调节。函数信号发生器作为信号源，它的输出端不允许短路。

3. 交流毫伏表

交流毫伏表只能在其工作频率范围之内，用来测量正弦交流电压的有效值。

为了防止过载而损坏，测量前一般先把量程开关置于量程较大的位置上，然后在测量中逐挡减小量程。

三、实验设备

实验设备如表 3.1.1 所示。

表 3.1.1   实 验 设 备

序号	名称	型号与规格	数量	备注
1	函数信号发生器		1	
2	双踪示波器		1	
3	交流毫伏表		1	

四、实验内容

1. 用机内校正信号对示波器进行自检

（1）扫描基线调节：将示波器的显示方式开关置于"单踪"显示（Y_1 或 Y_2），输入耦合方式开关置于"GND"，触发方式开关置于"自动"。开启电源开关后，调节"辉度""聚焦"

"辅助聚焦"等旋钮，使荧光屏上显示一条细而且亮度适中的扫描基线。然后调节 "X轴位移"（→←）和 "Y轴位移"（↑↓）旋钮，使扫描线位于屏幕中央，并且能上下左右移动自如。

（2）测试 "校正信号" 波形的幅度、频率：将示波器的 "校正信号" 通过专用电缆线引入选定的 Y 通道（Y_1 或 Y_2），将 Y 轴输入耦合方式开关置于 "AC" 或 "DC"，触发源选择开关置 "内"，内触发源选择开关置 "Y_1" 或 "Y_2"。调节 X 轴 "扫描速率" 开关（t/div）和 Y 轴 "输入灵敏度" 开关（V/div），使示波器显示屏上显示出一个或数个周期稳定的方波信号。

1）校准 "校正信号" 幅度。

将 "Y轴灵敏度微调" 旋钮置于 "校准" 位置，"Y轴灵敏度" 开关置于适当位置，读取校正信号幅度，记入表 3.1.2 中。

表 3.1.2　　　　　　　　　　　校准 "校正信号" 幅度的测量

测试项目	标准值	实测值
幅度峰—峰值 U/V		
频率 f/kHz		
上升沿时间/μs		
下降沿时间/μs		

注意：不同型号的示波器，其标准值有所不同，应按所使用示波器将标准值填入表格中。

2）校准 "校正信号" 频率。

将 "扫速微调" 旋钮置于 "校准" 位置，"扫速" 开关置于适当位置，读取校正信号周期，记入表 3.1.2 中。

3）测量 "校正信号" 的上升时间和下降时间。

调节 "Y轴灵敏度" 开关及微调旋钮，并移动波形，使方波信号在垂直方向上正好占据中心轴上，且上、下对称，便于阅读。通过扫速开关逐级提高扫描速度，使波形在 X 轴方向扩展（必要时可利用 "扫速扩展" 开关将波形再扩展 10 倍），并同时调节触发电平旋钮，从显示屏上清楚地读出上升时间和下降时间，记入表 3.1.2 中。

2. 用示波器和交流毫伏表测量信号参数

调节函数信号发生器有关旋钮，使输出频率分别为 100Hz、1kHz、10kHz、100kHz，其有效值均为 1V（交流毫伏表测量值）的正弦波信号。

改变示波器 "扫速" 开关及 "Y轴灵敏度" 开关等位置，测量信号源输出电压频率及峰—峰值，记入表 3.1.3 中。

表 3.1.3　　　　　　　　　　　电压频率及峰—峰值的测量

信号电压频率 f/kHz	示波器测量值		信号电压毫伏表读数/V	示波器测量值	
	周期 T/ms	频率 f/Hz		峰—峰值/V	有效值 U/V
0.1					
1					
10					
100					

3. 测量两波形间的相位差

（1）观察双踪显示波形"交替"与"断续"两种显示方式的特点。

Y_A、Y_B均不加输入信号，输入耦合方式置"GND"，扫速开关置扫速较低挡位（如 0.5s/div 挡）或扫速较高挡位（如 5μs/div 挡）；把显示方式开关分别置"交替"和"断续"位置，观察两条扫描基线的显示特点，并记录。

（2）用双踪示波器测量两波形间的相位差。

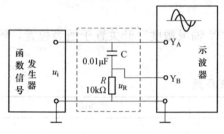

图 3.1.2　两波形间相位差的测量电路

1）按图 3.1.2 连接实验电路，将函数信号发生器的输出电压调至频率为 1kHz，幅值为 2V 的正弦波；经 RC 移相网络获得频率相同但相位不同的两路信号 u_i 和 u_R，分别加到双踪示波器的 Y_A 和 Y_B 的输入端。

为便于稳定波形，比较两波形相位差，应使内触发信号取自被设定的一路信号，而该信号作为测量基准。

2）把显示方式开关置"交替"挡位，将 Y_A 和 Y_B 输入耦合方式开关置"⊥"挡位，调节 Y_A、Y_B 的（↑↓）移位旋钮，使两条扫描基线重合。

3）将 Y_A、Y_B 输入耦合方式开关置"AC"挡位，调节触发电平、扫速开关及 Y_A、Y_B 灵敏度开关位置，使在荧光屏上显示出易于观察的两个相位不同的正弦波形 u_i 及 u_R，如图 3.1.3 所示。根据两波形在水平方向差距 X，及信号周期 X_T，则可求得两波形相位差 θ，即

$$\theta = \frac{X(\text{div})}{X_T(\text{div})} \times 360°$$

式中：X_T 为一个周期所占格数；X 为两个波形在 X 轴方向的差距格数。记录两波形的相位差于表 3.1.4 中。

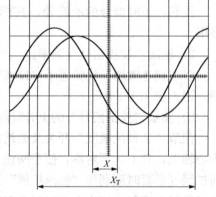

图 3.1.3　双踪示波器显示两相位不同的正弦波

表 3.1.4　　　　　　　　　　两波形的相位差

一个周期格数	两个波形在 X 轴上的差距格数	相位差	
		实测值	计算值
$X_T=$	$X=$	$\theta=$	$\theta=$

为读数和计算方便，可适当调节扫速开关及微调旋钮，使波形的一周期只占整格数。

五、实验总结报告与思考

1. 整理实验数据，并进行分析，撰写实验报告。

2. 问题的讨论：

（1）如何操作示波器的有关旋钮，以便从示波器显示屏上观察到稳定、清晰的波形？

（2）用双踪示波器显示波形，并要求比较相位时，显示方式选择（Y_1、Y_2、$Y_1 + Y_2$、交替、断续），为在显示屏上得到稳定波形，应怎样选择下列开关的位置：①触发方式（常态、自动）；②触发源选择（内、外）；③内触发源选择（Y_1、Y_2、交替）。

3. 函数信号发生器有哪几种输出波形？它的输出端能否短接，如用屏蔽线作为输出引线，则屏蔽层一端应该接在哪个接线柱上？

4. 交流毫伏表是用来测量正弦波电压还是非正弦波电压？它的表头指示值是被测信号的什么数值？它是否可以用来测量直流电压的大小？

六、预习要求

（1）阅读教材第一部分中有关示波器部分的内容。

（2）已知 $C = 0.01\mu F$、$R = 10k\Omega$，计算图 3.1.2 中 RC 移相网络的阻抗角 θ。

实验二 共射极单管放大电路

一、实验目的

1. 学会放大器静态工作点的调试方法，分析静态工作点对放大器性能的影响。
2. 掌握放大器电压放大倍数、输入电阻、输出电阻及最大不失真输出电压的测试方法。
3. 熟悉常用电子仪器及模拟电路实验设备的使用。

二、实验原理

图 3.2.1 为电阻分压式工作点稳定的共射级单管放大器实验电路图。它的偏置电路采用 R_{b1} 和 R_{b2} 组成的分压电路，并在发射极中接有电阻 R_{e1}，以稳定放大器的静态工作点。当在放大器的输入端加入输入信号 u_i 后，在放大器的输出端便可得到一个与 u_i 相位相反，幅值被放大了的输出信号 u_o，从而实现了电压放大。

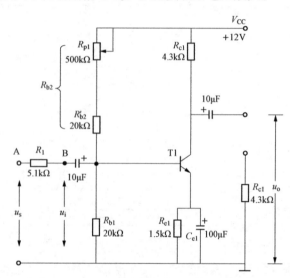

图 3.2.1 共射极单管放大器实验电路

在图 3.2.1 电路中，当流过偏置电阻 R_{b1} 和 R_{b2} 的电流远大于晶体管 T 的基极电流 I_B 时（一般 5～10 倍），则其静态工作点可用下式估算

$$U_B \approx \frac{R_{b1}}{R_{b1} + R_{b2}} V_{CC}$$

$$I_E = \frac{U_B - U_{BE}}{R_{e1}} \approx I_C,$$

$$U_{CE} = V_{CC} - I_C(R_{C1} + R_{e1})$$

电压放大倍数

$$A_V = -\beta \frac{R_{C1} // R_L}{r_{BE}}$$

输入电阻

$$R_i = R_{b1} // R_{b2} // r_{BE}$$

输出电阻

$$R_o \approx R_{C1}$$

放大器的测量和调试一般包括放大器静态工作点的测量与调试，消除干扰与自激振荡及放大器各项动态参数的测量与调试等。

1. 放大器静态工作点的测量与调试

（1）静态工作点的测量。

测量放大器的静态工作点，应在输入信号 $u_i = 0$ 的情况下进行，即将放大器输入端与地端短接，然后选用量程合适的直流毫安表和直流电压表，分别测量晶体管的集电极电流 I_C 以及各电极对地的电位 U_B、U_C 和 U_E。为了减小误差，提高测量精度，应选用内阻较高的直流电压表。

（2）静态工作点的调试。

放大器静态工作点的调试是指对管子集电极电流 I_C（或 U_{CE}）的调整与测试。静态工作点是否合适，对放大器的性能和输出波形都有很大影响。如静态工作点偏高，放大器在加入交流信号以后易产生饱和失真，此时 u_o 的负半周将被削底，如图 3.2.2（a）所示；如静态工作点偏低则易产生截止失真，即 u_o 的正半周被缩顶（一般截止失真不如饱和失真明显），如图 3.2.2（b）所示。这些情况都不符合不失真放大的要求。所以，在选定工作点以后还必须进行动态调试，即在放大器的输入端加入一定的输入电压 u_i，检查输出电压 u_o 的大小和波形是否满足要求。如不满足，则应调节静态工作点的位置。

改变电路参数 V_{CC}、R_C 和 R_B（R_{b1}、R_{b2}）都会引起静态工作点的变化，如图 3.2.3 所示。通常多采用调节偏置电阻 R_{b2} 的方法来改变静态工作点，如减小 R_{b2}，则可使静态工作点提高等。

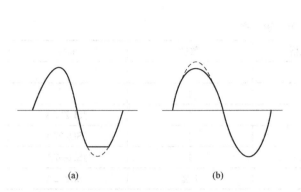

图 3.2.2　静态工作点对 u_o 波形失真的影响
（a）静态工作点偏高；（b）静态工作点偏低

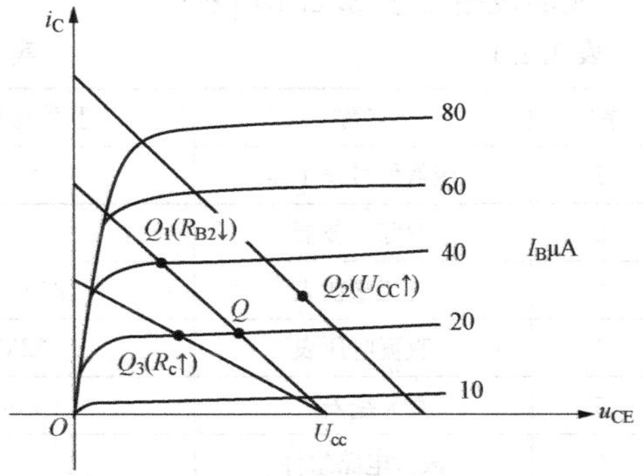

图 3.2.3　电路参数对静态工作点的影响

2、放大器动态指标测试

放大器动态指标包括电压放大倍数、输入电阻、输出电阻、最大不失真输出电压（动态范围）和通频带等。

（1）电压放大倍数 A_V 的测量。

调整放大器到合适的静态工作点，然后加入输入电压 u_i，在输出电压 u_o 不失真的情况下，用交流毫伏表测出 u_i 和 u_o 的有效值 U_i 和 U_o，则

$$A_V = \frac{U_o}{U_i}$$

（2）输入电阻 R_i 的测量。

为了测量放大器的输入电阻，按图 3.2.4 所示电路在被测放大器的输入端与信号源之间串入一已知电阻 R，在放大器正常工作的情况下，用交流毫伏表测出 U_S 和 U_i，则根据输入电阻的定义可得

$$R_i = \frac{U_i}{I_i} = \frac{U_i}{\dfrac{U_R}{R}} = \frac{U_i}{U_S - U_i}R$$

测量时应注意下列几点：

1）由于电阻 R 两端没有电路公共接地点，所以测量 R 两端电压 U_R 时必须分别测出 U_S 和 U_i，然后按 $U_R = U_S - U_i$ 求出 U_R 值。

2）电阻 R 的值不宜取得过大或过小，以免产生较大的测量误差；通常取 R 与 R_i 属同一

数量级为好，本实验可取 $R=10\sim20\mathrm{k}\Omega$。

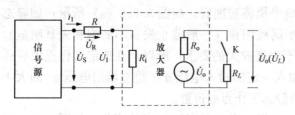

图 3.2.4　输入、输出电阻测量电路

（3）输出电阻 R_o 的测量。

按图 3.2.4 所示电路，在放大器正常工作条件下，测出输出端不接负载 R_L 的输出电压 U_o 和接入负载后的输出电压 U_L，根据 $R_o=(U_o/U_L-1)R_L$ 求出 R_o。

在测试中应注意，必须保持 R_L 接入前后输入信号的大小不变。

三、实验设备

实验设备如表 3.2.1 所示。

表 3.2.1　　　　　　　　　　　　实 验 设 备

序号	名称	型号与规格	数量	备注
1	函数信号发生器		1	
2	双踪示波器		1	
3	交流毫伏表	200mA	1	JSDZ07A
4	直流电压表	32V	1	JSDZ07A
5	直流毫安表	200mA	1	JSDZ07A
6	放大电路组件		1 套	JSDZ02A

四、实验内容

实验电路如图 3.2.1 所示。为防止干扰，各仪器的公共端必须连在一起，同时信号源、交流毫伏表和示波器的引线应采用专用电缆线或屏蔽线，如使用屏蔽线，则屏蔽线的外包金属网应接在公共接地端上。

1. 调试静态工作点

接通直流电源前，先将 R_{p1} 调至最大，函数信号发生器输出旋钮旋至零。接通+12V 电源、调节 R_{p1}，使 $U_{CE}=6\mathrm{V}$ 左右，此时工作点处在中央，用直流电压表测量 U_B、U_E 和 U_C，用万用电表测量 R_{b2} 值，并记入表 3.2.2 中。

表 3.2.2　　　　　　　　　　　　静态工作点的测量

测量值				计算值		
U_B/V	U_E/V	U_C/V	$R_{b2}/\mathrm{k}\Omega$	U_{BE}/V	U_{CE}/V	I_C/mA

2. 测量电压放大倍数

在放大器输入端加入频率为 1kHz 的正弦信号 u_s，调节函数信号发生器的输出旋钮使放大器输入电压 $U_i\approx10\mathrm{mV}$，同时用示波器观察放大器输出电压 u_o 波形，在波形不失真的条件下用交流毫伏表测量下述 3 种情况下的 U_o 值，并用双踪示波器观察 u_o 和 u_i 的相位关系，并记入表 3.2.3 中。

表 3.2.3 　　　　　　　　　　　　电压放大倍数的测量

$R_{C1}/k\Omega$	$R_L/k\Omega$	U_o/V	A_v	观察记录一组 u_o 和 U_1 波形
4.3	∞			
2.2	∞			
4.3	4.3			

3. 观察静态工作点对输出波形失真的影响

置 $R_{C1}=4.3k\Omega$，$R_L=4.3k\Omega$，$u_i=0V$，调节 R_{P1}，使 $I_C=1.2mA$，测出 U_{CE} 值；再逐步加大输入信号，使输出电压 u_o 足够大，但不失真。然后保持输入信号不变，分别增大和减小 R_{p1}，使波形出现失真，绘出 u_o 的波形，并测出失真情况下的 I_C 和 U_{CE} 值，记入表 3.2.4中。注意，在每次测 I_C 和 U_{CE} 值时，都要将信号源的输出旋钮旋至零。

表 3.2.4 　　　　　　　　　失真情况下静态工作点的测量

I_C（mA）	U_{CE}（V）	u_o 波形	失真情况	管子工作状态
1.2				

4. 测量输入电阻和输出电阻

置 $R_{C1}=4.3k\Omega$，$R_L=4.3k\Omega$，$I_C=1.2mA$。输入 $f=1kHz$ 的正弦信号电压 $U_i\approx10mV$，在输出电压 u_o 不失真的情况下，用交流毫伏表测出 U_S、U_i 和 U_L，记入表 3.2.4中。

保持 u_s 不变，断开 R_L，测量输出电压 U_o，记入表 3.2.5。

表 3.2.5 　　　　　　　　　输入和输出电阻的测量

U_S(mV)	U_i(mV)	R_i(kΩ)		U_L(V)	U_o(V)	R_o(kΩ)	
		测量值	计算值			测量值	计算值

五、实验总结报告与思考

1. 列表整理测量结果，并把实测的静态工作点、电压放大倍数、输入电阻、输出电阻的值与理论计算值比较（取一组数据进行比较），分析产生误差原因，撰写实验报告。

2. 总结 R_L 及静态工作点对放大器电压放大倍数、输入电阻及输出电阻的影响。

3. 讨论静态工作点变化对放大器输出波形的影响。

4. 分析讨论在调试过程中出现的问题。

六、预习要求

1. 阅读教材中有关单管放大电路的内容并估算实验电路的性能指标。

假设：9013 的 $\beta=100$，$R_{b1}=20\text{k}\Omega$，$R_{b2}=60\text{k}\Omega$，$R_{C1}=2.4\text{k}\Omega$，$R_L=4.3\text{k}\Omega$。估算放大器的静态工作点、电压放大倍数 A_u，输入电阻 R_i 和输出电阻 R_o。

2. 能否用直流电压表直接测量晶体管的 U_{BE}？为什么实验中要采用测 U_B、U_E，再间接算出 U_{BE} 的方法？

3. 当调节偏置电阻 R_{b2}，使放大器输出波形出现饱和或截止失真时，晶体管的管压降 U_{CE} 怎样变化？

实验三　集成运算放大器组成的模拟运算电路

一、实验目的
1. 研究由集成运算放大器组成的比例、加法、减法和积分等基本运算电路的功能。
2. 了解运算放大器在实际应用时应考虑的一些问题。

二、实验原理
集成运算放大器是一种具有高电压放大倍数的直接耦合多级放大电路。当外部接入不同的线性或非线性元器件组成输入和负反馈电路时，可以灵活地实现各种特定的函数关系。在线性应用方面，可组成比例、加法、减法、积分、微分和对数等模拟运算电路。

1. 理想运算放大器特性

在大多数情况下，将运放视为理想运放，就是将运放的各项技术指标理想化。满足下列条件的运算放大器称为理想运放：

开环电压增益 $A_{Vd} = \infty$；输入阻抗 $R_i = \infty$；

输出阻抗 $R_o = 0$；带宽 $f_{BW} = \infty$；

失调与漂移均为零等。

理想运放在线性应用时的两个重要特性：

(1) $U_+ \approx U_-$，称为"虚短"。

(2) $I_{in} = 0$，称为"虚断"。

2. 基本运算电路

(1) 反相比例运算电路。

电路如图 3.3.1 所示。对于理想运放，该电路的输出电压与输入电压之间的关系为

$$u_o = -\frac{R_f}{R_1} u_i$$

为了减少输入级偏置电流引起的运算误差，在同相输入端应接入平衡电阻 $R_2 = R_1 // R_f$。

(2) 反相加法电路。

反相加法电路如图 3.3.2 所示，输出电压与输入电压之间的关系为

$$u_o = -\left(\frac{R_f}{R_1} u_{i1} + \frac{R_f}{R_2} u_{i2}\right), R_3 = R_1 // R_2 // R_f$$

(3) 同相比例运算电路。

图 3.3.3（a）是同相比例运算电路，它的输出电压与输入电压之间的关系为

$$u_o = \left(1 + \frac{R_f}{R_1}\right) u_i, R_2 = R_1 // R_f$$

当 $R_1 \to \infty$ 时，$u_o = u_i$，即得到如图 3.3.3（b）所示的电压跟随器。图 3.3.3（b）中 $R_2 = R_f$，用以减少漂移和起保护作用。一般 R_f 取 10kΩ，R_f 太小起不到保护作用；太大则影响跟随性。

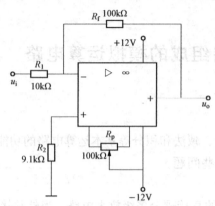

图 3.3.1　反相比例运算电路

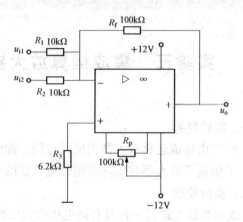

图 3.3.2　反相加法运算电路

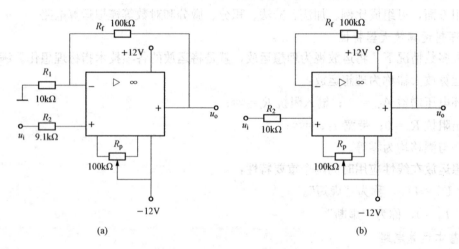

(a)　　　　　　　　　　　　　　　(b)

图 3.3.3　同相比例运算电路

(a) 同相比例运算电路；(b) 电压跟随器

（4）差动放大电路（减法器）。

对于图 3.3.4 所示的减法运算电路，当 $R_1=R_2$，$R_3=R_f$ 时，存在关系为

$$u_o = \frac{R_f}{R_1}(u_{i2} - u_{i1})$$

（5）积分运算电路。

反相积分电路如图 3.3.5 所示。在理想化条件下，输出电压 u_o 等于

$$u_o(t) = -\frac{1}{R_1C}\int_0^t u_i\mathrm{d}t + u_C(0)$$

式中　$u_C(0)$ 是 $t=0$ 时刻，电容 C 两端的电压值，即初始值。

如果 $u_i(t)$ 是幅值为 E 的阶跃电压，并设 $u_C(0)=0\mathrm{V}$，则

$$u_o(t) = -\frac{1}{R_1C}\int_0^t E\mathrm{d}t = -\frac{E}{R_1C}t$$

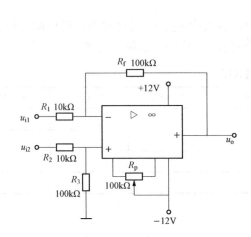

图 3.3.4 减法运算电路

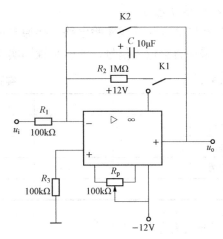

图 3.3.5 积分运算电路

三、实验设备与器件

实验设备与器件如表 3.3.1 所示。

表 3.3.1   **实验设备与器件**

序号	名称	型号与规格	数量	备注
1	函数信号发生器		1	
2	直流电压源	±12V	1	实验台
3	交流毫伏表	200mA	1	JSDZ07A
4	直流电压表	32V	1	JSDZ07A
5	直流毫安表	200mA	1	JSDZ07A
6	运放电路组件		1套	JSDZ02A

四、实验内容

实验前要看清运放组件各引脚的位置，切记正、负电源极性接反和输出端短路，否则将会损坏集成块。

1. 反相比例运算电路

(1) 按图 3.3.1 连接实验电路，接通电源，输入端 u_i 对地短路，即进行调零和消振。

(2) 输入直流电压 $U_i = 0.5V$ 的正弦交流信号，测量相应的 U_o 并记入表 3.3.2 中。

2. 反相加法运算电路

(1) 按图 3.3.2 连接实验电路，接通电源，输入端 u_{i1}、u_{i2} 对地短路，即进行调零和消振。

(2) 输入信号采用直流信号，实验时要注意选择合适的直流信号幅度以确保集成运放工作在线性区。用直流电压表测量输入电压 U_{i1}、U_{i2} 及输出电压 U_o，并记于表 3.3.2 中。

3. 同相比例运算电路

(1) 按图 3.3.3 (a) 连接实验电路。实验步骤同实验内容 1，输入直流电压，将测量结果记入表 3.3.2 中。

(2) 将图 3.3.3 (a) 中的 R_1 断开，得图 3.3.3 (b) 电路，重复内容 (1)。

4. 减法运算电路

（1）按图 3.3.4 连线实验电路，接通电源，输入端 u_{i1}、u_{i2} 对地短路，进行调零和消振。

（2）采用直流输入信号，实验步骤同实验内容 3，将测量结果计入表 3.3.2 中。

表 3.3.2 　　　　　　　　　　　　　　　**实验数据**

项目	R_1	R_2	R_f	$U_{i1}(V)$	$U_{i2}(V)$	$U_o(V)$
反相比例						
反相加法						
同相比例						
减法						

5. 积分运算电路

实验电路如图 3.3.5 所示。

（1）打开 K_2，闭合 K_1，对运放输出 u_o 进行调零。

（2）调零完成后，再打开 K_1，闭合 K_2，使 $u_C(0)=0$。

（3）预先调好直流输入电压 $U_i=0.5V$，接入实验电路，再打开 K_2，然后用直流电压表测量输出电压 U_o，每隔 5s 读一次 U_o，将测量结果记入表 3.3.3 中，直到 U_o 不继续明显增大为止。

表 3.3.3 　　　　　　　　　　　　　　**积分运算电路的测量**

t (s)	0	5	10	15	20	25	30	......
U_o (V)								

五、实验总结报告与思考

1. 整理实验数据，观察输入输出的相位。

2. 将理论计算结果和实测数据相比较，分析产生误差的原因并撰写实验报告。

3. 分析讨论实验中出现的现象和问题。

六、预习要求

1. 复习集成运放线性应用部分内容，并根据实验电路参数计算各电路输出电压的理论值。

2. 在反相加法器中，如 u_{i1} 和 u_{i2} 均采用直流信号，并选定 $U_{i2}=-1V$，当考虑到运算放大器的最大输出幅度（±12V）时，则 $|u_{i1}|$ 的大小不应超过多少伏？

3. 在积分电路中，如 $R_1=100k\Omega$，$C=4.7\mu F$，求时间常数。假设 $U_i=0.5V$，问要使输出电压 U_o 达到 5V，需多长时间 [设 $u_C(0)=0$]？

实验四　集成运算放大器组成的波形发生器

一、实验目的

1. 学习用集成运算放大器构成正弦波、方波和三角波发生器。

2. 学习波形发生器的调整和主要性能指标的测试方法。

二、实验原理

由集成运算放大器构成的正弦波、方波和三角波发生器有多种形式，本实验选用最常用的、线路比较简单的几种电路加以分析。

1. RC 桥式正弦波振荡器（文氏电桥振荡器）

图 3.4.1 为 RC 桥式正弦波振荡器。其中 RC 串、并联电路构成正反馈支路，同时兼作选频网络，R_1、R_2、R_p 及二极管等元件构成负反馈和稳幅环节。调节电位器 R_p，可以改变负反馈深度，以满足振荡的振幅条件和改善波形。利用两个反向并联二极管 VD1、VD2 正向电阻的非线性特性来实现稳幅。VD1、VD2 采用硅管（温度稳定性好），且要求特性匹配，才能保证输出波形正、负半轴对称。R_3 的接入是为了削弱二极管非线性的影响，以改善波形失真。

电路的振荡频率 $f_0 = \dfrac{1}{2\pi RC}$

起振的幅值条件 $\dfrac{R_f}{R_1} \geqslant 2$

式中　$R_f = R_P + R_2 + (R_3 // r_D)$，$r_D$ 为二极管正向导通电阻。

调整反馈电阻 R_f（调 R_P），使电路起振，且波形失真最小。如不能起振，则说明负反馈太强，应适当加大 R_f；如波形失真严重，则应适当减小 R_f。

改变选频网络的参数 C 或 R，即可调节振荡频率。一般采用改变电容 C 作频率量程切换，而调节电阻 R 作量程内的频率细调。

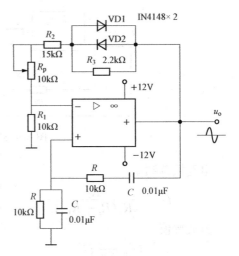

图 3.4.1　RC 桥式正弦波振荡器

2. 方波发生器

由集成运算放大器构成的方波发生器和三角波发生器，一般均包括比较器和 RC 积分器两大部分。图 3.4.2 所示为滞回比较器及简单 RC 积分电路组成的方波—三角波发生器。它的特点是线路简单，但三角波的线性度较差。主要用于产生方波，或对三角波要求不高的场合。

电路振荡频率

$$f_0 = \dfrac{1}{2R_f C_f \ln\left(1 + \dfrac{2R_2}{R_1}\right)}$$

式中　$R_1 = R_1' + R_P'$，$R_2 = R_2' + R_P''$。

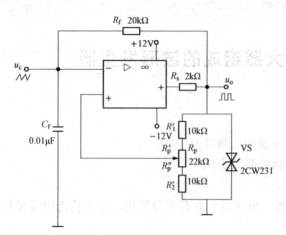

图 3.4.2 方波三角波发生器

方波输出幅值

$$U_{om} = \pm U_Z$$

三角波输出幅值

$$U_{cm} = \frac{R_2}{R_1 + R_2} U_Z$$

调节电位器 R_P（即改变 R_2/R_1），可以改变振荡频率，但三角波的幅值也随之变化。如果互不影响，则可通过改变 R_f（或 C_f）来实现振荡频率的调节。

3. 三角波和方波发生器

如把滞回比较器和积分器首尾相接则形成正反馈闭环系统，如图 3.4.3 所示。若比较器 A_1 输出的方波经积分器 A_2 积分可得到三角波，三角波又触发比较器自动翻转形成方波，这样可构成三角波、方波发生器。图 3.4.4 为方波、三角波发生器输出波形。由于采用运放组成的积分电路，因此可实现恒流充电，使三角波线性大大改善。

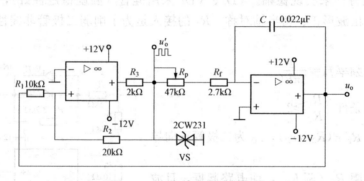

图 3.4.3 三角波和方波发生器

电路振荡频率

$$f_0 = \frac{R_2}{4R_1(R_f + R_p)C_f}$$

方波幅值

$$U'_{om} = \pm U_Z$$

三角波幅值

$$U_{om} = \frac{R_1}{R_2} U_Z$$

调节 R_P 可以改变振荡频率，改变比值 R_1/R_2 可调节三角波的幅值。

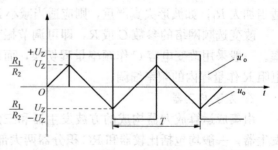

图 3.4.4 方波、三角波发生器输出波形

三、实验设备与器件

实验设备与器件如表 3.4.1 所示。

表 3.4.1　　　　　　　　　　　　　　实验设备与器件

序号	名称	型号与规格	数量	备注
1	双踪示波器		1	
2	直流电压源	±12V	1	实验台
3	交流毫伏表	200mA	1	JSDZ07A
4	稳压管	2DW7	1	
5	集成运算放大器	741	2	
6	电子元件组件		1套	JSDZ02A

四、实验内容

1. RC 桥式正弦波振荡器

按图 3.4.1 连接实验电路。实验步骤如下：

（1）接通±12V 电源，调节电位器 R_P，使输出波形从无到有，从正弦波到出现失真。描绘 u_o 的波形；记录临界起振、正弦波输出及失真情况下的 R_P 值；分析负反馈强弱对起振条件及输出波形的影响。

（2）调节电位器 R_P，使输出电压 u_o 幅值最大且不失真，用交流毫伏表分别测量输出电压 U_o、反馈电压 U_+、U_-，分别研究振荡的幅值条件。

（3）用示波器或频率计测量振荡频率 f_0，然后再选频网络的两个电阻 R 上并联同一阻值的电阻，观察记录振荡频率的变化情况，并与理论值进行比较。

（4）断开二极管 VD1、VD2，重复（2）的内容，将测试结果与（2）进行比较，并分析 VD1、VD2 的稳幅作用。

2. 方波发生器

按图 3.4.2 连接实验电路。实验步骤如下：

（1）将电位器 R_P 调至中心位置，用双踪示波器观察并描绘方波 u_o 及三角波 u_c 的波形（注意对应关系），测量其幅值及频率，并记录。

（2）改变 R_P 动点的位置，观察 u_o、u_c 幅值及频率变化情况；把动点调至最上端和最下端，测出频率范围，并记录。

（3）将 R_P 恢复至中心位置，将一只稳压管短接，观察 u_o 波形，分析 VS 的限幅作用。

3. 三角波和方波发生器

按图 3.4.3 连接实验电路。实验步骤如下：

（1）将电位器 R_P 调至合适位置，用双踪示波器观察并描绘三角波输出 u_o 及方波输出 u'_o，测其幅值、频率及 R_P 值，记录。

（2）改变 R_P 的位置，观察对 u_o、u'_o 幅值及频率的影响。

（3）改变 R_1（或 R_2），观察对 u_o、u'_o 幅值及频率的影响。

五、实验总结

1. 正弦波发生器

（1）列表整理实验数据，画出波形，把实测频率与理论值进行比较。

（2）根据实验分析 RC 振荡器的振幅条件。

（3）讨论二极管 VD1、VD2 的稳幅作用。

2. 方波发生器

（1）列表整理实验数据，在同一张坐标纸上，按比例画出方波和三角波的波形图，并标出时间和电压幅值。

（2）分析 R_P 变化时，对 u_o 波形的幅值及频率的影响。

（3）讨论 VS 的限幅作用。

3. 三角波和方波发生器

（1）整理实验数据，把实测频率与理论值进行比较。

（2）在同一张坐标纸上，按比例画出三角波及方波的波形，并标明时间和电压幅值。

（3）分析电路参数变化（R_1、R_2 和 R_P）对输出波形频率及幅值的影响。

六、预习要求

1. 复习有关 RC 正弦波振荡器、三角波及方波发生器的工作原理，并估算图 3.4.1～图 3.4.3 所示电路的振荡频率。

2. 理解为什么在 RC 正弦波振荡电路中要引入负反馈支路？为什么要增加二极管 VD1 和 VD2？它们是怎样稳幅的？

3. 在波形发生器各电路中，"相位补偿"和"调零"是否需要？为什么？

4. 怎样测量非正弦波电压的幅值？

实验五 集成运算放大器组成的电压比较器

一、实验目的
1. 掌握比较器的电路构成及特点。
2. 学会测试比较器的方法。

二、实验原理

信号幅度比较就是一个模拟电压信号去和一个参考电压相比较，在二者幅度相等的附近，输出电压将产生跃变。通常用于越限报警和波形变换等场合。此时，幅度鉴别的精确性、稳定性以及输出反应的快速性是主要的技术指标。

图 3.5.1 所示为一最简单的电压比较器，U_R 为参考电压，加在运放的同相输入端，电压 u_i 加在反相输入端。

当 $U_i < U_R$ 时，运放输出高电平，输出端电位被箝位在稳压管的稳定电压 U_z，即 $U_o = U_z$。

当 $U_i > U_R$ 时，运放输出低电平，DZ 正向导通，输出端电位等于其正向压降 U_D，即 $U_o = U_D$。

因此，以 U_R 为界，当输入电压 u_i 变化时，输出端反映出两种状态。高电位和低电位。

表示输出电压与输入电压之间关系的特性曲线，称为传输特性。图 3.5.1（b）为图 3.5.1（a）比较器的传输特性。

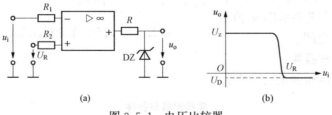

图 3.5.1 电压比较器

（a）电路；（b）传输特性

常用的幅度比较器有过零比较器、具有滞回特性的过零比较器（又称 Schmitt 触发器）、双限比较器（又称窗口比较器）等。

（1）过零比较器。简单的过零比较器电路及传输特性如图 3.5.2 所示。

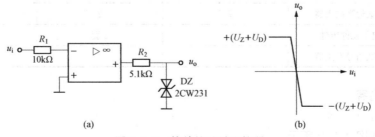

图 3.5.2 简单的过零比较器

（a）电路；（b）传输特性

（2）滞回特性的过零比较器。具有滞回特性的过零比较器电路及传输特性如图 3.5.3 所示。

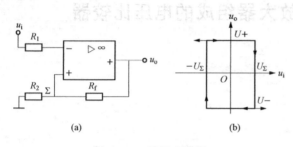

图 3.5.3　滞回比较器
(a) 电路；(b) 传输特性

过零比较器在实际工作时，如果 u_i 恰好在过零值附近，则由于零点漂移的存在，u_o 将不断由一个极限值转换到另一个极限值，这在控制系统中，对执行机构将是很不利的。为此，就需要输出特性具有滞回现象。如图 3.5.3 所示，从输出端引一个电阻分压支路到同相输入端，若 u_o 改变状态，Σ 点也随着改变电位，使过零点离开原来位置。当 u_o 为正（记作 $U+$），$U\Sigma = \dfrac{R_2}{R_f + R_2} U+$，则当 $u_i > U\Sigma$ 后，u_o 即由正变负（记作 $U-$），此时 $U\Sigma$ 变为 $-U\Sigma$。故只有当 u_i 下降到 $-U\Sigma$ 以下，才能使 u_o 再度回升到 $U+$，于是出现图 3.5.3（b）中所示的滞回特性。$-U\Sigma$ 与 $U\Sigma$ 的差别称回差。改变 R_2 的数值可以改变回差的大小。

（3）窗口比较器。

简单的比较器仅能鉴别输入电压 u_i 比参考电压 U_R 高或低的情况，窗口比较电路是由两个简单比较器组成，如图 3.5.4 所示，它能指示出 u_i 值是否处于 U_{R+} 和 U_{R-} 之间。

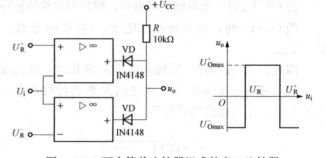

图 3.5.4　两个简单比较器组成的窗口比较器

三、实验设备与器件

实验设备与器件如表 3.5.1 所示。

表 3.5.1　　　　　　　　　　　　　　　实验设备与器件

序号	名称	型号与规格	数量	备注
1	双踪示波器		1	
2	直流电压源	±12V	1	实验台
3	交流毫伏表	200mA	1	JSDZ07A
4	稳压管	2DW7	1	
5	集成运算放大器	741	2	
6	电子元件组件		1套	JSDZ02A
7	函数信号发生器		1	

四、实验内容

1. 过零电压比较器

实验电路如图 3.5.2 所示。

（1）接通电源，测量输入端 u_i 悬空时的 U_o 电压。

（2）u_i输入 500Hz、幅值为 2V 的正弦信号，观察 u_i-u_o 的波形并记录。

（3）改变 u_i 幅值，测量传输特性曲线。

2．反相滞回比较器

实验电路如图 3.5.5 所示。

（1）按图接线，u_i 接＋5V 可调直流电源，测出 u_o 由＋U_{omax}→－U_{omax} 时 u_i 的临界值。

（2）同上，测出 u_o 由－U_{omax}→＋U_{omax} 时的临界值。

（3）u_i 接 500Hz，峰值为 2V 的正弦信号，观察并记录 u_i－u_o 波形。

（4）将分压支路 100kΩ 电阻改为 200kΩ，重复上述实验，测定传输特性。

3．同相滞回比较器

实验线路如图 3.5.6 所示。

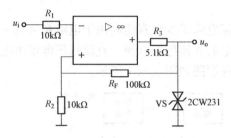 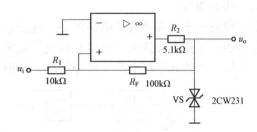

图 3.5.5　反相滞回比较器　　　　　　图 3.5.6　同相滞回比较器

（1）参照 2，自拟实验步骤及方法。

（2）将结果与 2 相比较。

4．窗口比较器

参照图 3.5.4 自拟实验步骤和方法，测定其传输特性。

五、实验报告

1．整理实验数据，绘制各类比较器的传输特性曲线。

2．总结几种比较器的特点，说明它们的应用。

六、预习要求

复习教材有关比较器的内容。

实验六　直流稳压电源

一、实验目的

1. 研究单相桥式整流、电容滤波电路的特性。
2. 掌握稳压电源主要技术指标的测试方法。
3. 研究集成稳压器的特点和性能指标的测试方法。
4. 了解集成稳压器扩展性能的方法。

二、实验原理

电子设备一般都需要直流电源供电。这些直流电除了少数直接利用干电池和直流发电机外，大多数是采用把交流电（市电）转变为直流电的直流稳压电源。直流稳压电源由电源变压器、整流、滤波和稳压电路4部分组成，其原理框图如图3.6.1所示。

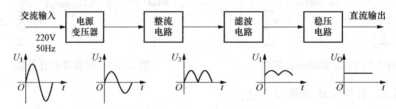

图3.6.1　直流稳压电源框图

电网供给的交流电压U_1（220V，50Hz）经电源变压器降压后，得到符合电路需要的交流电压U_2，然后由整流电路变换成方向不变、大小随时间变化的脉动电压U_3，再用滤波器滤去其交流分量，就可得到比较平直的直流电压U_1。但这样的直流输出电压，还会随交流电网电压的波动或负载的变动而变化。在对直流供电要求较高的场合，还需要使用稳压电路，以保证输出直流电压更加稳定。

随着半导体工艺的发展，稳压电路也制成了集成器件。由于集成稳压器具有体积小，外接线路简单、使用方便、工作可靠和通用性好等优点，因此在各种电子设备中应用十分普遍，基本上取代了由分立元件构成的稳压电路。集成稳压器的种类很多，应根据设备对直流电源的要求来进行选择。对于大多数电子仪器、设备和电子电路来说，通常是选用串联线性集成稳压器。而在这种类型的器件中，又以三端式稳压器应用最为广泛。

W7800、W7900系列三端式集成稳压器的输出电压是固定的，在使用中不能进行调整。W7800系列三端式稳压器输出正极性电压，一般有5V、6V、9V、12V、15V、18V、24V 7个挡次，输出电流最大可达1.5A（加散热片）。同类型78M系列稳压器的输出电流为0.5A，78L系列稳压器的输出电流为0.1A。若要求负极性输出电压，则可选用W7900系列稳压器。

图3.6.2为W7800系列的外形和接线图。它有3个引出端：输入端（不稳定电压输入端）标以"1"；输出端（稳定电压输出端）标以"3"；公共端标以"2"。

本实验所用集成稳压器为三端固定正稳压器W7812，它的主要参数有：输出直流电压

$U_0 = +12\text{V}$，输出电流 L：0.1A，M：0.5A，电压调整率 10mV/V，输出电阻 R_0 $=0.15\Omega$，输入电压 U_1 的范围 15～17V。因为一般 U_1 要比 U_0 大 3～5V，才能保证集成稳压器工作在线性区。

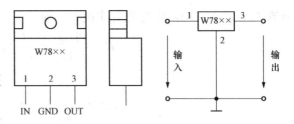

图 3.6.2　W7800 系列外形及接线

图 3.6.3 是用三端式稳压器 W7812 构成的单电源电压输出串联型稳压电源的实验电路。其中整流部分采用了由 4 个二极管组成的桥式整流器成品（又称桥堆），型号为 2W06（或 KBP306）滤波电容 C_1、C_2 一般选取几百～几千微法。当稳压器距离整流滤波电路比较远时，在输入端必须接入电容器 C_3（数值为 $0.33\mu\text{F}$），以抵消线路的电感效应，防止产生自激振荡。输出端电容 C_4（$0.1\mu\text{F}$）用以滤除输出端的高频信号，改善电路的暂态响应。

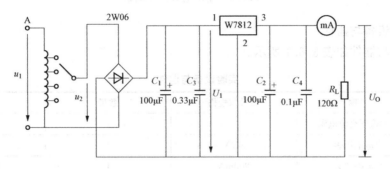

图 3.6.3　由 W7812 构成的串联型稳压电源

图 3.6.4 为正、负双电压输出电路，例如需要 $U_{01} = +15\text{V}$，$U_{02} = -15\text{V}$，则可选用 W7815 和 W7915 三端稳压器，这时的 U_1 应为单电压输出时的两倍。

当集成稳压器本身的输出电压或输出电流不能满足要求时，可通过外接电路来进行性能扩展。图 3.6.5 是一种简单的输出电压扩展电路。如 W7812 稳压器的 3、2 端间输出电压为 12V，因此只要适当选择 R 的值，使稳压管 VS 工作在稳压区，则输出电压 $U_0 = 12 + U_z$，可以高于稳压器本身的输出电压。

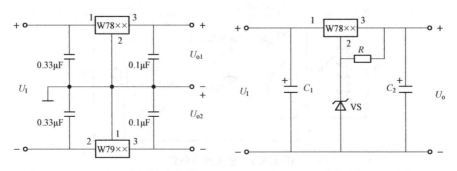

图 3.6.4　正、负双电压输出电路　　　　图 3.6.5　输出电压扩展电路

图 3.6.6 是通过外接晶体管 VT 及电阻 R_1 来进行电流扩展的电路。电阻 R_1 的阻值由外接晶体管的发射结导通电压 U_{BE}、三端式稳压器的输入电流 I_i（近似等于三端稳压器的输出

电流 I_{o1} ）和 VT 的基极电流 I_B 来决定，即

$$R_1 = \frac{U_{BE}}{I_R} = \frac{U_{BE}}{I_i - I_B} = \frac{U_{BE}}{I_{o1} - \frac{I_C}{\beta}}$$

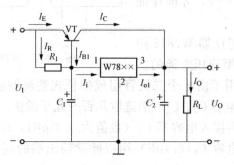

图 3.6.6　输出电流扩展电路

三、实验设备与器件

实验设备与器件如表 3.6.1 所示。

表 3.6.1　　　　　　　　　　　　　实验设备与器件

序号	名称	型号与规格	数量	备注
1	可调低压交流电源		1	实验台
2	直流电压表	500V	1	实验台
3	交流毫伏表	200mA	1	JSDZ07A
4	三端稳压器	7812	1	
5	万用表		1	
6	整流电路组件		1套	JSDZ02A

四、实验内容

1. 整流滤波电路测试

按图 3.6.7 连接实验电路。取可调工频电源电压为 15V，作为整流电路输入电压 U_2。

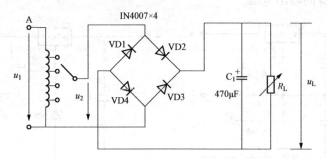

图 3.6.7　整流滤波电路

（1）取 $R_L = 1000\Omega$，不加滤波电容，测量直流输出电压 U_L 及纹波电压 u_L，并用示波器观察 U_2 和 u_L 波形，记入表 3.6.2。

（2）取 $R_L = 1000\Omega$，$C = 220\mu F$，重复内容（1）的要求，记入表 3.6.2。

（3）取 $R_L = 4700\Omega$，$C = 220\mu F$，重复内容（1）的要求，记入表 3.6.2。

表 3.6.2　　　　　　　　　　　　　　　整流滤波测量

电路形式		U_L/V	u_L/V	u_L 波形
$R_L = 1000\Omega$				
$R_L = 1000\Omega$ $C = 220\mu F$				
$R_L = 4700\Omega$ $C = 220\mu F$				

注意：每次改接电路时，必须切断工频电源。

2. 集成稳压器性能测试

断开工频电源，按图 3.6.3 改接实验电路，取负载电阻 $R_L = 1000\Omega$。

（1）初测。接通工频 15V 电源，测量 U_2 值；测量滤波电路输出电压 U_I（稳压器输入电压），集成稳压器输出电压 U_o，它们的数值应与理论值大致符合，否则说明电路出了故障。因此，必须设法查找故障并加以排除。

电路经初测进入正常工作状态后，才能进行各项指标的测试。

（2）各项性能指标测试。

输出电压 U_o 和最大输出电流 I_{omax} 的测量：在输出端接负载电阻 $R_L = 120\Omega$，由于 W7812 输出电压 $U_o = 12V$，因此流过 R_L 的电流 $I_{omax} = \dfrac{12V}{120\Omega} = 0.1A$（100mA）。这时 U_o 应基本保持不变，若变化较大则说明集成块性能不良。

＊（3）集成稳压器性能扩展。根据实验器材，选取图 3.6.4、图 3.6.5 或图 3.6.6 中各元器件，并自拟测试方法与表格，记录实验结果。

五、实验总结报告及思考

1. 整理实验数据，对表 3.6.2 所测结果进行全面分析，总结桥式整流、电容滤波电路的特点并撰写实验报告。

2. 分析讨论实验中发生的现象和问题。

六、预习要求

1. 复习教材中有关集成稳压器部分内容。

2. 列出实验内容中所要求的各种表格。

3. 熟悉 78 系列三端稳压器扩展电路。

实验七 与非门电路的逻辑功能应用

一、实验目的

1. 掌握集成与非门的逻辑功能。

2. 掌握集成与非门器件的使用规则。

3. 进一步熟悉与非门实现其他逻辑功能的方法。

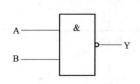

图 3.7.1 与非门

二、实验原理

与非门逻辑符号如图 3.7.1 所示。其逻辑式为 $Y=\overline{AB}$。真值表如表 3.7.1 所示。

表 3.7.1   与非门的真值表

A	B	Y	A	B	Y
0	0	1	1	0	1
0	1	1	1	1	0

为了便于记忆，与非门的功能归纳为：有 0 出 1，全 1 出 0。

当与非门有多个输入 A、B、C、D…时，其逻辑表达式为 $Y=\overline{ABCD}\cdots\cdots$

目前常用的 2 输入集成与非门为 74LS00，其管脚图如图 3.7.2 所示。

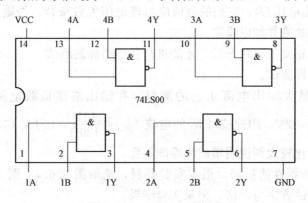

图 3.7.2 74LS00 引脚图

对于使用过程中多于输入端的处理，以用 74LS00 实现非门功能 $Y=\overline{A}$。为例介绍。

有 3 种方法可以用与非门实现非门功能，电路如图 3.7.3 所示。

方法 1：如图 1 号门，两输入端并联，利用 A·A=A 可得 $Y=\overline{AA}=\overline{A}$。

方法 2：如图 2 号门，多余输入端接+3V，即高电平"1"，利用 A·1=A 可得 $Y=\overline{A}$。

方法 3：如图 3 号门，多余输入端悬空，利用 TTL 电路输入管脚悬空即为高电平"1"，可得 $Y=\overline{A}$（CMOS 电路不能这样处理，只能用方法 1 和 2）。

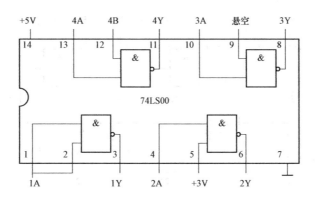

图 3.7.3　与非门实现非门功能

三、实验设备与器件

实验设备与器件如表 3.7.2 所示。

表 3.7.2　　　　　　　　　　　　　实验设备与器件

序号	名称	型号与规格	数量	备注
1	逻辑电平组件		1套	实验台
2	直流电压源	5V	1	实验台
3	与非门	74LS00	1	
4	逻辑输出显示组件		1套	实验台
5	万用表		1	
6	数字电路实验箱		1套	JSDZ02A

四、实验内容

在合适的位置选取一个 14P 插座，按定位标记插好 74LS00 集成块。

1. 验证 TTL 集成与非 74LS00 的逻辑功能

按图 3.7.2 接线，其中 VCC 接＋5V，门的输入端接逻辑开关输出插口，以提供 "0" 与 "1" 电平信号，开关向上，输出逻辑 "1"，向下为逻辑 "0"。门的输出端接由 LED 发光二极管组成的逻辑电平显示器（又称 0—1 指示器）的显示插口，LED 亮为逻辑 "1"，不亮为逻辑 "0"。按表 3.7.2 的真值表逐个测试集成块中 4 个与非门的逻辑功能。

2. 与非门实现非门的逻辑功能

按图 3.7.3 接线，用不同的方法实现 $Y=\overline{A}$。将输出端接发光二极管组成的逻辑电平显示器，改变输入端状态验证非门的逻辑功能。

3. 与非门实现与门的逻辑功能

按图 3.7.4 接线，用不同的方法实现 $Y=AB$。将 2Y 输出端接发光二极管组成的逻辑电平显示器，改变输入端状态验证非门的逻辑功能。

4. 与非门实现与门的逻辑功能

按图 3.7.5 接线，用不同的方法实现 $Y=A+B$。将 2Y 输出端接发光二极管组成的逻辑

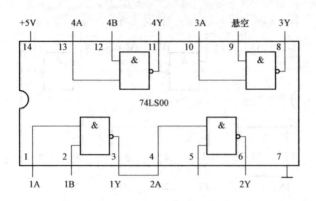

图 3.7.4　与非门实现与门

电平显示器，改变输入端状态验证非门的逻辑功能。

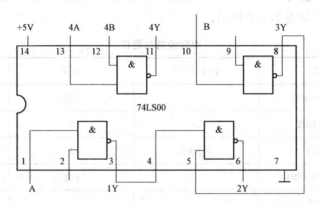

图 3.7.5　与非门实现或门

五、实验总结报告及思考

1. 记录、整理实验结果，记录并填写各实验过程的真值表，撰写实验报告。

2. 总结门电路多余输入端处理方法。

六、预习要求

1. 熟悉常用 74 系列门电路引脚。

2. 熟悉常用门电路电源及电平要求。

实验八　组合逻辑电路的设计与测试

一、实验目的
掌握组合逻辑电路的设计与测试方法。

二、实验原理

1. 组合逻辑电路设计流程

使用中、小规模集成电路来设计组合电路是最常见的逻辑电路。设计组合电路的一般步骤如图 3.8.1 所示。

根据设计任务的要求建立输入、输出变量，并列出真值表。然后用逻辑代数或卡诺图化简法求出简化的逻辑表达式。并按实际选用逻辑门的类型修改逻辑表达式。根据简化后的逻辑表达式，画出逻辑图，用标准器件构成逻辑电路。最后，用实验来验证设计的正确性。

2. 组合逻辑电路设计举例

（1）用"与非"门设计一个表决电路。当 4 个输入端中有 3 个或 4 个为"1"时，输出端才为"1"。

设计步骤：根据题意列出真值表如表 3.8.1 所示，再填入卡诺图表 3.8.2 中。

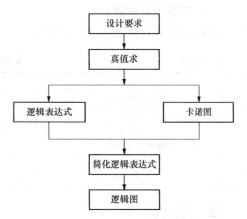

图 3.8.1　组合逻辑电路设计流程图

表 3.8.1　真值表

D	0	0	0	0	0	0	0	0	1	1	1	1	1	1	1	1
A	0	0	0	0	1	1	1	1	0	0	0	0	1	1	1	1
B	0	0	1	1	0	0	1	1	0	0	1	1	0	0	1	1
C	0	1	0	1	0	1	0	1	0	1	0	1	0	1	0	1
Z	0	0	0	0	0	0	0	1	0	0	0	1	0	1	1	1

表 3.8.2　卡诺图表

BC	DA			
	00	01	11	10
00				
01			1	
11		1	1	1
10			1	

由卡诺图得出逻辑表达式，并演化成"与非"的形式

$$Z = ABC + BCD + ACD + ABD = \overline{\overline{ABC} \cdot \overline{BCD} \cdot \overline{ACD} \cdot \overline{ABC}}$$

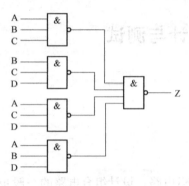

图 3.8.2 表决电路逻辑图

根据逻辑表达式画出用"与非门"构成的逻辑电路如图 3.8.2 所示。

（2）用实验验证逻辑功能。

在实验装置适当位置选定 2 个 14P 插座，按照集成芯片定位标记插好集成块 74LS20。

按图 3.8.2 接线，输入端 A、B、C、D 接至逻辑开关输出插口，输出端 Z 接逻辑电平显示输入插口，按真值表（自拟）要求，逐次改变输入变量，测量相应的输出值，验证逻辑功能，与表 3.8.1 进行比较，验证所设计的逻辑电路是否符合要求。

三、实验设备与器件

实验设备与器件如表 3.8.3 所示。

表 3.8.3   实 验 设 备 与 器 件

序号	名称	型号与规格	数量	备注
1	逻辑电平组件		1 套	实验台
2	直流电压源	5V	1	实验台
3	与非门	74LS20	2	
4	逻辑输出显示组件		1 套	实验台
5	万用表		1	
6	数字电路实验箱		1 套	JSDZ02A

四、实验内容

1. 四人举手表决电路验证逻辑功能

在实验装置适当位置选定 2 个 14P 插座，按照集成芯片定位标记插好集成块 74LS20。

按图 3.8.2 接线，输入端 A、B、C、D 接至逻辑开关输出插口，输出端 Z 接逻辑电平显示输入插口，按真值表（自拟）要求，逐次改变输入变量，测量相应的输出值，验证逻辑功能，与表 3.8.1 进行比较，验证所设计的逻辑电路是否符合要求。

2. 列车通行逻辑功能

旅客列车分特快、直快和普快，并以此为优先通行次序。某站台在同一时间只能有一趟列车从车站开出，即只能给出一个开车信号，试画出满足上述要求的逻辑电路。要求用与非门实现。画出逻辑图并进行实验验证。

五、实验报告

1. 列写实验任务的设计过程，画出设计的电路图。

2. 对所设计的电路进行实验测试，记录测试结果并撰写实验报告。

3. 总结组合电路的设计体会。

六、实验预习要求

1. 根据实验任务要求设计组合电路，并根据所给的标准器件画出逻辑图。

2. 如何用最简单的方法验证"与非"门的逻辑功能是否完好？

3. "与非"门中，当某一组"与"端不用时，应作如何处理？

实验九　计数——译码——显示电路

一、实验目的

1. 学习集成计数器的使用方法。

2. 掌握译码——显示电路的使用方法。

二、实验原理

计数器是一个用以实现计数功能的时序部件，它不仅可用来计脉冲数，还常用作数字系统的定时、分频和执行数字运算以及其他特定的逻辑功能。

计数器种类很多根据计数制的不同，分为二进制计数器，十进制计数器和任意进制计数器。根据计数的增减趋势，又分为加法、减法和可逆计数器。计数器的输出一般为 4 为二进制代码或者二——十进制代码。按照我们的生活习惯，数字一般用自然十进制数表示，所以对于十进制计数器的计数结果一般需要用译码——显示电路直接显示为十进制数。

1. 中规模十进制计数器

CC40192 是同步十进制可逆计数器，具有双时钟输入，并具有清除和置数等功能，其引脚排列及逻辑符号如图 3.9.1 所示。

图 3.9.1 中：$\overline{LD}$ 为置数端；CP_U 为加计数端；CP_D 为减计数端；$\overline{CO}$ 为非同步进位输出端；$\overline{BO}$ 为非同步借位输出端；D_0、D_1、D_2、D_3 为计数器输入端；Q_0、Q_1、Q_2、Q_3 为数据输出端；CR 为清除端。

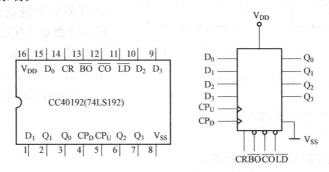

图 3.9.1　CC40192 引脚排列及逻辑符号

CC40192（同 74LS192，二者可互换使用）的功能如表 3.9.1，说明如下。

表 3.9.1 CC40192 功能

输入								输出			
CR	$\overline{LD}$	CP_U	CP_D	D_3	D_2	D_1	D_0	Q_3	Q_2	Q_1	Q_0
1	×	×	×	×	×	×	×	0	0	0	0
0	0	×	×	d	c	b	a	d	c	b	a
0	1	↑	1	×	×	×	×	加计数			
0	1	1	↑	×	×	×	×	减计数			

当清除端 CR 为高电平"1"时，计数器直接清零；CR 置低电平则执行其他功能。

当 CR 为低电平，置数端 $\overline{LD}$ 也为低电平时，数据直接从置数端 D_0、D_1、D_2、D_3 置入计数器。

当 CR 为低电平，$\overline{LD}$ 为高电平时，执行计数功能。执行加计数时，减计数端 CP_D 接高电平，计数脉冲由 CP_U 输入；在计数脉冲上升沿进行 BCD8421 码十进制加法计数。执行减计数时，加计数端 CP_U 接高电平，计数脉冲由减计数端 CP_D 输入，表 3.9.2 为 8421 码十进制加、减计数器状态转换表。

表 3.9.2   8421 码十进制加、减计数器状态转换

加法计数 →

输入脉冲数		0	1	2	3	4	5	6	7	8	9
输出	Q_3	0	0	0	0	0	0	0	0	1	1
	Q_2	0	0	0	0	1	1	1	1	0	0
	Q_1	0	0	1	1	0	0	1	1	0	0
	Q_0	0	1	0	1	0	1	0	1	0	1

← 减法计数

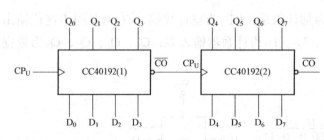

图 3.9.2   CC40192 级联电路

2. 计数器的级联使用

一个十进制计数器只能表示 0～9 十个数，为了扩大计数器范围，常用多个十进制计数器级联使用。同步计数器往往设有进位（或借位）输出端，故可选用其进位（或借位）输出信号驱动下一级计数器。图 3.9.2 是由 CC40192 利用进位输出 $\overline{CO}$ 控制高一位的 CP_U 端构成的加数级联图。

3. 实现任意进制计数

（1）用复位法获得任意进制计数器。

假定已有 N 进制计数器，而需要得到一个 M 进制计数器时，只要 M<N，用复位法使计数器计数到 M 时置"0"，即获得 M 进制计数器。如图 3.9.3 所示为一个由 CC40192 十进制计数器接成的六进制计数器。

（2）利用预置功能获 M 进制计数器。

图 3.9.4 为用三个 CC40192 组成的 421 进制计数器。外加的由与非门构成的锁存器可以克服器件计数速度的离散性，保证在反馈置"0"信号作用下计数器可靠置"0"。

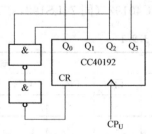

图 3.9.3   六进制计数器

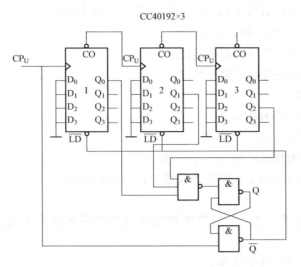

图 3.9.4　421 进制计数器

三、实验设备与器件

实验设备与器件如表 3.9.3 所示。

表 3.9.3　　　　　　　　　　　实验设备与器件

序号	名称	型号与规格	数量	备注
1	逻辑电平组件		1 套	实验台
2	直流电压源	5V	1	实验台
3	与非门	74LS20	2	
4	逻辑输出显示组件		1 套	实验台
5	计数器	74LS192	3	
6	数字电路实验箱		1 套	JSDZ02A

四、实验内容

测试 CC40192 或 74LS192 同步十进制可逆计数器的逻辑功能。计数脉冲由单次脉冲源提供，清除端 CR、置数端 $\overline{LD}$、数据输入端 D_3、D_2、D_1、D_0 分别接逻辑开关，输出端 Q_3、Q_2、Q_1、Q_0 接实验设备的一个译码显示输入相应插口 A、B、C、D；$\overline{CO}$ 和 $\overline{BO}$ 接逻辑电平显示插口。按表 3.9.1 逐项测试并判断该集成块的功能是否正常。

(1) 清除。令 CR=1，其他输入为任意态，这时 $Q_3Q_2Q_1Q_0$=0000，译码数字显示为 0。清除功能完成后，置 CR=0。

(2) 置数。CR=0，CP_U、CP_D 任意，数据输入端输入任意一组二进制数，令 $\overline{LD}$=0，观察计数译码显示输出，预置功能是否完成，此后置 $\overline{LD}$=1。

(3) 加计数。CR=0，$\overline{LD}$=CP_D=1，CP_U 接单次脉冲源。清零后送入 10 个单次脉冲，观察译码数字显示是否按 BCD8421 码十进制状态转换表进行；输出状态变化是否发生在 CP_U 的上升沿。

(4) 减计数。CR=0，$\overline{LD}$=CP_U=1，CP_D 接单次脉冲源。参照（3）进行实验。

（5）图 3.9.2 所示，用两片 CC40192 组成两位十进制加法计数器，输入 1Hz 连续计数脉冲，进行由 00～99 累加计数，记录之。

（6）按图 3.9.3 电路进行实验并验证。

（7）按图 3.9.4 电路进行实验并验证。

五、实验预习要求

1. 复习有关计数器部分内容。

2. 绘出各实验内容的详细线路图。

3. 拟出各实验内容所需的测试记录表格。

4. 查手册，给出并熟悉实验所用各集成块的引脚排列图。

六、实验报告

1. 画出实验线路图，记录、整理实验现象及实验所得的有关波形。对实验结果进行分析。

2. 总结使用集成计数器的体会。

实验十 555 时基电路及其应用

一、实验目的

1. 熟悉 555 型集成时基电路的电路结构、工作原理及其特点。

2. 掌握 555 型集成时基电路的基本应用。

二、实验原理

集成时基电路称为集成定时器，是一种数字、模拟混合型的中规模集成电路，其应用十分广泛。它是一种产生时间延迟和多种脉冲信号的电路，由于内部电压标准使用了 3 个 5kΩ 电阻，故取名 555 电路。其电路类型有双极型和 CMOS 型两大类，二者的结构与工作原理类似。几乎所有的双极型产品型号最后的三位数码都是 555 或 556；所有的 CMOS 产品型号最后四位数码都是 7555 或 7556，二者的逻辑功能和引脚排列完全相同，易于互换。555 和 7555 是单定时器。556 或 7556 是双定时器。双极型的电源电压 $V_{CC}=+5\sim+15V$，输出的最大电流可达 200mA，CMOS 型的电源电压为 $+3\sim+18V$。

1.555 电路的工作原理

555 电路的内部电路方框图及引脚排列如图 3.10.1 所示。它含有两个电压比较器，一个基本 RS 触发器，一个放电开关管 T 和比较器，比较器的参考电压由 3 只 5kΩ 的电阻器构成的分压器提供。它们分别使高电平比较器 A_1 的同相输入端和低电平比较器 A_2 的反相输入端的参考电平为 $\frac{2}{3}V_{CC}$ 和 $\frac{1}{3}V_{CC}$。A_1 与 A_2 的输出端控制 RS 触发器状态和放电管开关状态。

当输入信号自 6 脚，即高电平触发输入并超过参考电平的 $\frac{2}{3}V_{CC}$ 时，触发器复位，555 的输出端 3 脚输出低电平，同时放电开关管导通；当输入信号自 2 脚输入并低于 $\frac{1}{3}V_{CC}$ 时，触发器置位，555 的 3 脚输出高电平，同时放电开关管截止。

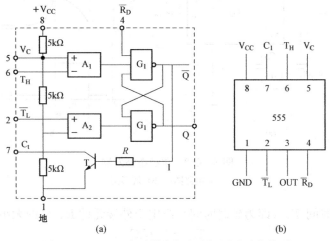

(a)   (b)

图 3.10.1 555 定时器内部电路框图及引脚排列

(a) 内部电路；(b) 引脚排列

$\overline{R_D}$是复位端（4脚），当$\overline{R_D}=0$，555输出低电平。平时$\overline{R_D}$端开路或接V_{CC}。

VC是控制电压端（5脚），平时输出$\frac{2}{3}V_{CC}$作为比较器A_1的参考电平，当5脚外接一个输入电压，即改变了比较器的参考电平，从而实现对输出的另一种控制，在不接外加电压时，通常接一个$0.01\mu F$的电容器到地，起滤波作用，以消除外来的干扰，以确保参考电平的稳定。

T为放电管，当T导通时，将给接于7脚的电容器提供低阻放电通路。555定时器主要是与电阻、电容构成充放电电路，并由两个比较器来检测电容器上的电压，以确定输出电平的高低和放电开关的通断。这就很方便地构成从微秒到数十分钟的延迟电路，可方便地构成单稳态触发器，多谐振荡器，施密特触发器等脉冲产生或波形变换电路。

2. 555定时器的典型应用

（1）构成单稳态触发器。

图3.10.2（a）为由555定时器和外接定时元件R、C构成的单稳态触发器。触发电路由C_1、R_1、VD构成，其中VD为钳位二极管，稳态时555电路输入端处于电源电平，内部放电开关管T导通，输出端F输出低电平，当有一个外部负脉冲触发信号经C_1加到2端。并使2端电位瞬时低于$\frac{1}{3}V_{CC}$，低电平比较器动作，单稳态电路即开始一个暂态过程，电容C开始充电，VC按指数规律增长。当VC充到$\frac{2}{3}V_{CC}$时，高电平比较器动作，比较器A_1翻转，输出V_O从高电平返回低电平，放电开关管T重新导通，电容C上的电荷很快经放电开关管放电，暂态结束，恢复稳态，为下个触发脉冲的来到做好准备。波形图如图3.10.2（b）所示。

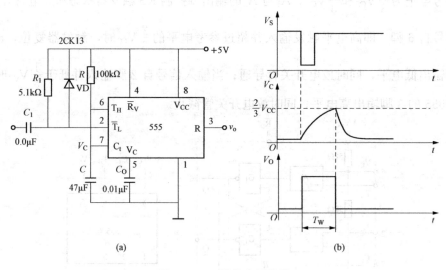

图3.10.2 单稳态触发器

（a）电路图；（b）波形图

暂稳态的持续时间T_w（即为延时时间）决定于外接元件R、C的大小，即

$$T_w = 1.1RC$$

通过改变R、C的大小，可使延时时间在几个微秒到几十分钟之间变化。当这种单稳态

电路作为计时器时，可直接驱动小型继电器，并可以使用复位端（4 脚）接地的方法来中止暂态，重新计时。此外尚须用一个续流二极管与继电器线圈反电势损坏内部功率管。

（2）构成多谐振荡器。

如图 3.10.3（a）所示由 555 定时器和外接元件 R_1、R_2、C 构成多谐振荡器，脚 2 与脚 6 直接相连。电路没有稳态，仅存在两个暂稳态，电路亦不需要外加触发信号，利用电源通过 R_1、R_2 向 C 充电，以及 C 通过 R_2 向放电端 C_t 放电，使电路产生振荡。电容 C 在和 $\frac{1}{3}V_{CC}$ 和 $\frac{2}{3}V_{CC}$ 之间充电和放电，其波形如图 3.10.3（b）所示。输出信号的时间参数是

$$T = T_{w1} + T_{w2} \quad T_{w1} = 0.7(R_1 + R_2)C \quad T_{w2} = 0.7R_2C$$

555 电路要求 R_1 与 R_2 均应大于或等于 1kΩ，但 $R_1 + R_2$ 应小于或等于 3.3MΩ。外部元件的稳定性决定了多谐振荡器的稳定性，555 定时器配以少量的元件即可获得较高精度的振荡频率和具有较强的功率输出能力。因此这种形式的多谐振荡器应用很广。

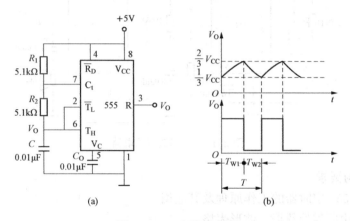

图 3.10.3　多谐振荡器

(a) 电路图；(b) 波形图

三、实验设备与器件

实验设备与器件如表 3.10.1 所示。

表 3.10.1　　　　　　　　　　　　实验设备与器件

序号	名称	型号与规格	数量	备注
1	万用表		1	
2	直流电压源	5V	1	实验台
3	双踪示波器		1	
4	元件箱		1	实验台
5	555 时基电路	555	2	
6	数字电路实验箱		1 套	JSDZ02A

四、实验内容

1. 单稳态触发器

（1）按图 3.10.2 连线，取 $R = 100$kΩ，$C = 47\mu$F，输入信号 V_i 由单次脉冲源提供，用

双踪示波器观测 V_i、V_c、V_o 波形，并测定幅度与暂稳时间。

（2）将 R 改为 1kΩ，C 改为 $0.1\mu F$，输入端加 1kHz 的连续脉冲，观测波形 V_i、V_c、V_o，并测定幅度及暂稳时间。

2. 多谐振荡器

按图 3.10.3 接线，用双踪示波器观测 V_c 与 V_o 的波形，测定频率。

3. 模拟声响电路

按图 3.10.4 接线，组成两个多谐振荡器，调节定时元件，使芯片Ⅰ输出较低频率，芯片Ⅱ输出较高频率，连好线，接通电源，试听音响效果。调换外接阻容元件，再试听音响效果。

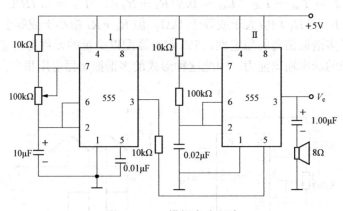

图 3.10.4　模拟声响电路

五、实验预习要求

1. 复习有关 555 定时器的工作原理及其应用。

2. 拟定实验中所需的数据、波形表格。

3. 如何用示波器测定施密特触发器的电压传输特性曲线？

4. 拟定各次实验的步骤和方法。

六、实验报告

1. 绘出详细的实验线路图，定量绘出观测到的波形。

2. 分析、总结实验结果。

第四部分　附　　　录

附录一　捷赛电工电子实验台电源及仪表使用说明书

一、实验台总电源开关

采用带漏电保护的 DZ47 小型断路器作为实验台的总电源开关，打开总电源开关实验台接通三相市电，实验台得电，实验台上的三相电源插座、用于测量的仪表（带有独立的电源开关）、漏电保护装置和启动停止单元处于工作状态，其他具有输出能力的源类不得电。

二、启停控制单元

启停控制单元由启动按钮（绿色）、停止按钮（红色）、急停按钮（蘑菇头红色）和内部接触器及漏电保护装置组成，用于控制实验台的三相（可调及固定）电源、恒压、恒流源、函数信号发生器、低压交流电源、直流稳压电源等，具有输出能力的源类均受启停控制单元的控制。

实验开始时把源类均调节到最小输出端，接完实验线通过老师检查后，按下启动按钮实验开始，如有紧急情况可用急停按钮来停止实验台。

三相指示电压表用于指示三相交流电源的输出电压，通过"电网/调压选择开关"来切换三相指示电压表显示固定输出端和可调输出的电压状态。

三、过流、短路保护装置复位键

当实验台出现漏电和三相短路情况时，保护装置会发出警告并切断输出。待排除故障后，按下复位按键才能重新启动实验台。

四、智交直流（两用）电流表（5A）/智能交直流（两用）电压表（500V）

智交直流（两用）电流表（5A）/智能交直流（两用）电压表（500V）如附图 4.1.1 和附图 4.1.2 所示。

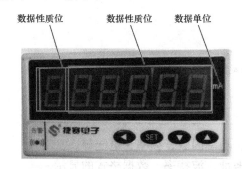

附图 4.1.1　智交直流（两用）电流表

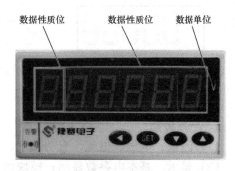

附图 4.1.2　智能交直流（两用）电压表

主要技术指标：

①工作电源：AC/DC85～260V/4W。

②测量范围：（交流 0～5000mA，直流±0～5000mA）/（交流 500V，直流±500V）。

③测量精度：交流：±0.8%+5d；直流：±0.58%+3d。

④响应频率：50Hz。

⑤超量程显示："EEEEE"。

⑥输入阻抗：100mΩ/10MΩ。

⑦自动调零。

⑧软件校准。

⑨手动/自动两种量程切换模式，量程分（50.00mA、500.0mA、5000mA）/（10.000V、100.00V、500.0V）三个量程。

⑩自动滤除干扰。

⑪显示：六位 LED（0.58寸、红色）数码管显示（第一位显示状态，后五位显示测量数据）。

外形尺寸及开孔尺寸如附表4.1.1所示。

附表 4.1.1　　　　　　　　　　外形尺寸及开孔尺寸

型号	数码管尺寸	外形尺寸（mm）	开孔尺寸（mm）
JSZN17-I	0.56（英寸）红色	96×48×82	90+1×44+1

⑫手动量程模式自动量程模式切换（以电压表为例）。如附图4.1.3所示。

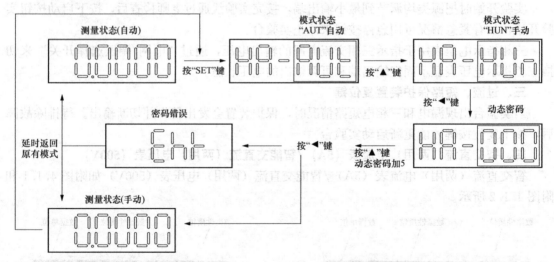

附图4.1.3　手动量程模式自动量程模式切换

五、智能功率、功率因数表

1. 产品功能

（1）测量。电压、电流、有功功率、无功功率、功率因数、频率、电能等。

（2）显示。基本电参数显示；模块相关参数，地址、波特率、数据格式的显示。

（3）输出。通信协议：MODBUS-RTU。输出接口：RS-485接口，二线制，+15kV ESD保护。通信规约：标准MODBUS-RTU通信规约。数据格式：可设置；10位无校验格式，1位起始位0，8位数据位，1位停止位1；或11位奇偶检验格式，1位起始位0，8位数据位，1位奇、偶校验位，1位停止位1。

2. 主要技术参数

（1）输入电流信号：单相交流 0～5A。输入量程：5A。过载能力：1.2 倍量程可正确测量；过载 5 倍量程输入（10 周波）200ms 不损坏。

（2）输入电压信号：单相交流 500V，信号频率：50Hz±10%。输入量程：500V。过载能力：1.2 倍量程可正确测量；过载 5 倍量程输入（10 周波）200ms 不损坏。

（3）测量精度：面膜上等级表示电压电流精度等级，功率因数的测量精度误差＜0.02。

（4）显示方式：大屏幕的 LCD 段码液晶显示。

（5）通信接口：标准双向串行通信：RS485；标准 MODBUS-RTU 通信规约。

（6）工作电源：AC 220V，≤2W。

（7）工作环境：工作温度：－10℃～60℃；贮藏温度：－30℃～80℃；湿度：20%～90%（无凝露）。

3. 显示说明

在仪表上电时，液晶全显，1s 后模块进入电参数显示界面，即电压、电流、有功功率、无功功率、功率因数、电能等，通过（短）按"▲"键或者"▼"键可循环查看个电参数显示界面，显示举例如附图 4.1.4～附图 4.1.11 所示。

（1）电压 500.0V。

（2）电流 5.000A。

附图 4.1.4　电压显示屏　　　　　附图 4.1.5　电流显示屏

（3）有功功率用 P 表示，附图 4.1.6 为 2500.00W。

（4）无功功率用 q 表示，附图 4.1.7 为 0.00var。

附图 4.1.6　有功功率显示屏　　　附图 4.1.7　无功功率显示屏

（5）视在功率用 S 表示，附图 4.1.8 为 500.00W。

（6）功率因数 1.000。

附图 4.1.8　视在功率显示屏　　　附图 4.1.9　功率因数显示屏

（7）频率用 F 表示，附图 4.1.10 为 50.00Hz。

（8）正向有功总电能 10.6kWh。

附图 4.1.10　频率显示屏　　　　　　附图 4.1.11　电能显示屏

六、智能数控恒压源

智能数控恒压源如附图 4.1.12 所示。

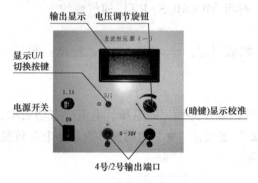

附图 4.1.12　智能数控恒压源

1. 主要技术参数

（1）输出电压 0.00～32.0V。

（2）最大输出电流：3A。

（3）LED 数码管显示（红色）（根据输出电压小数点自动调整）。

（4）调节方式：数字编码器。

（5）具有快加、快减功能。

（6）软件校准显示。

（7）输出电压显示/电流显示切换。

（8）两种输出端口。

（9）短路保护、报警功能。

2. 功能操作及使用说明

（1）开机。实验台接通电源后，按下启动按钮，数控恒压源接通电源，打开电源开关，此时输出显示为 0.00V。

（2）调节输出电压（快加、快减功能）：向右调节电压调节旋钮，输出电压会逐渐上升。快加：当前电压比较低，当需要比较高的输出电压时，先向右旋动一下调节旋钮，系统知道电压要上调，此时按动调节旋钮，电压会大步上升，接近需要的电压值时、在用旋钮微调至需要的电压值。快减：和快加相反操作。

（3）输出电压显示/电流显示切换。恒压源接通电源时，默认显示输出电压值，按动面板上的 U/I 切换按键，可以切换显示输出电压值或电流值，左侧 LED 显示当前状态，电压单位 V，电流单位 A。

（4）校准显示：当需要校准显示时，打开电源开关，把标准电压表并联在恒压源的输出端口上，调整电压调节旋钮，使输出电压在 6V 和 18V 时，用万用表表笔笔尖，长按旋钮左边的（暗键）按键（主要防止误操作），直到听到蜂鸣器响，松开该按键，此时显示值和标准表显示一致，校准数值存入系统。显示表头的小数点会随输出电压值的大小自动移动。校准显示如附图 4.1.13 所示。

（5）短路保护、报警功能。用实验线在任何输出电压时可以直接短路输出端的正负极，短路后系统进入保护状态，显示表头显示"E"，并带有蜂鸣器报警。此时按动 U/I 键解除保护，恢复到正常状态。

附图 4.1.13　校准显示

七、智能数控恒流源

智能数控恒流源如附图 4.1.14 所示。

1. 主要技术参数

(1) 输出电流 0.00～200mA。

(2) 开路电压：32V。

(3) LED 数码管显示（红色）（根据输出电流小数点自动调整）。

(4) 调节方式：数字编码器。

(5) 具有快加、快减功能。

(6) 软件校准显示。

(7) 两种输出端口。

2. 功能操作及使用说明

(1) 开机：实验台接通电源后，按下启动按钮，数控恒压流源接通电源，打开电源开关，此时输出显示为 0.00mA。

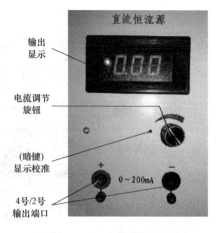

附图 4.1.14　智能数控恒流源

(2) 调节输出电压（快加、快减功能）：接好负载，向右调节电流调节旋钮，输出电流会逐渐上升。快加：当前电流比较小时，当需要比较大的输出电流时，先向右旋动一下调节旋钮，系统知道电流要上调，此时按动调节旋钮，电流会大步上升，接近需要的电压值时、在用旋钮微调至需要的电流值。快减：和快加相反操作。

(3) 校准显示：当需要校准显示时，打开电源开关，把标准电流表串联在恒压源的输出端口上，调整电流调节旋钮，使输出电流在 8mA 和 80.0mA，用万用表表笔笔尖，长按旋钮左边的（暗键）按键（主要防止误操作），大约 3s 后，松开该按键，该数值存入系统。显示表头的小数点会随输出电流值的大小自动移动。校准显示如附图 4.1.15 所示。

附图 4.1.15　校准显示

八、固定稳压电源

具有独立的电源控制开关，打开电源开关，稳压电源开始工作。

输出电压：±12V，±5V，24V。

最大电流：±12V/500mA，±5V/1A。

具有输出指示，具有短路保护及报警功能。

该电源为电子实验电路提供必要的实验电源。

九、脉冲信号源

单脉冲信号源：消抖处理后，输出正负脉冲各一路，配有输出指示灯，指示输出状态。

固定脉冲源输出：输出多路固定频率的脉冲信号：1Hz、10Hz、100Hz、1kHz、10kHz、100kHz、1MHz，均为 TTL 电平。

可调脉冲源：输出一路频率可调的脉冲信号源，调节范围为 0～1MHz，默认输出为 1kHz。

十、直流信号源

直流信号源为电子实验中直流放大部分提供信号，多圈电位器调节，每路具有两种输出范围，通过选择开关可以设置 −0.5V～0～+0.5V 或 −5V～0～+5V 连续可调输出。

十一、函数信号发生器（带数字频率计）

函数信号发生器（带数字频率计）如附图 4.1.16 所示。

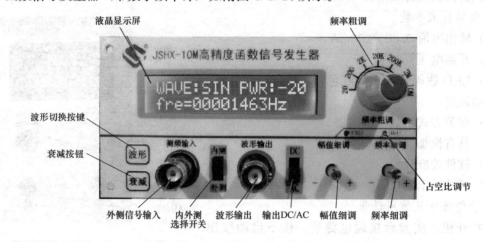

附图 4.1.16 函数信号发生器

1. 主要技术参数

输出波形：正弦波，方波（占空比可调），三角波，锯齿波。

输出幅值：0～20Vpp。

衰减：0dB/−20dB/−40dB。

输出频率：分七段可调 20、200、2k、20k、200k、2M、10MHz。

最小输出幅值：1mV 左右。

调频、调幅旋钮采用连续可调电位器。

自带频率计功能，对内部/外部信号进行频率测量。

2. 液晶显示

液晶显示如附图 4.1.17 所示。

附图 4.1.17 液晶显示

波形：显示当前输出波形。

衰减：显示当前衰减值。

频率计：当内外测选择开关在内测时，频率计显示信号源输出的当前频率值，当内外测选择开关在外测时，频率计显示外测输入的当前频率值。

十二、低压交流电源

（1）用于完成电子实验中串联稳压电源，输入都串联限流保险，输出端在内部串入过流短路保护装置，一旦发生过流或短路，对变压器起一定的保护作用。

（2）变压器的输入端（原边）可以通过开关选择固定输入还是调压输入。

（3）固定输入：变压的输出端就是固定输出值。

（4）调压输入：通过实验台内部把变压器的输入端接在调压器的输出端上，通过调节调压器的输出电压使变压器的输出端在一定范围内连续可调。

附录二　常用数字电路集成芯片引脚排列图

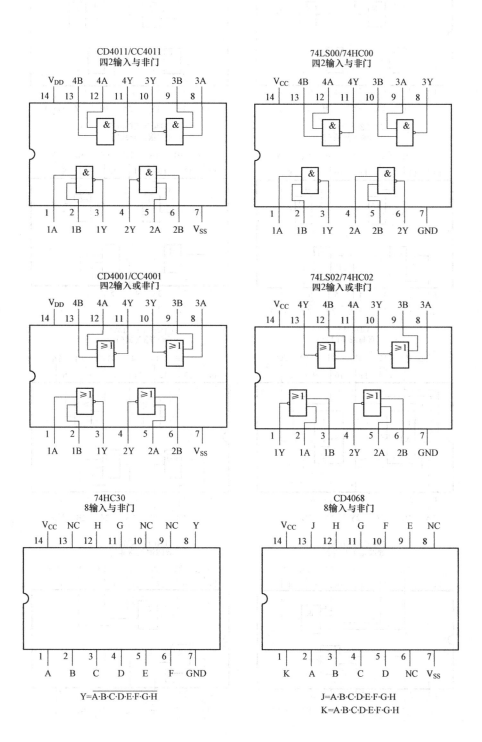

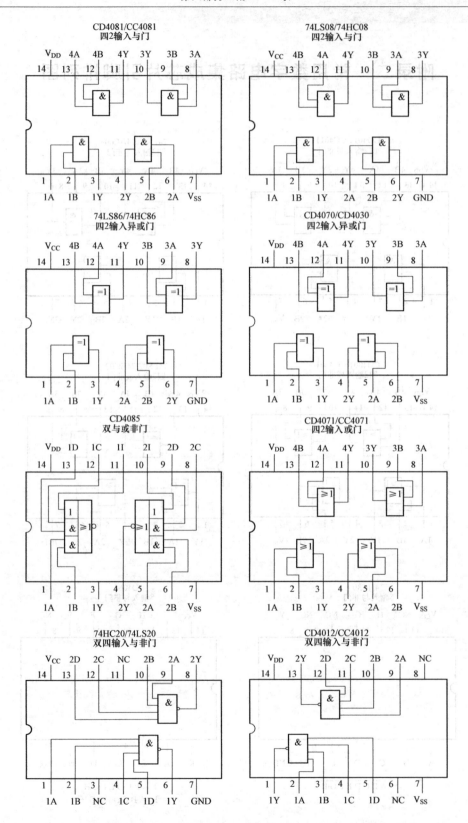

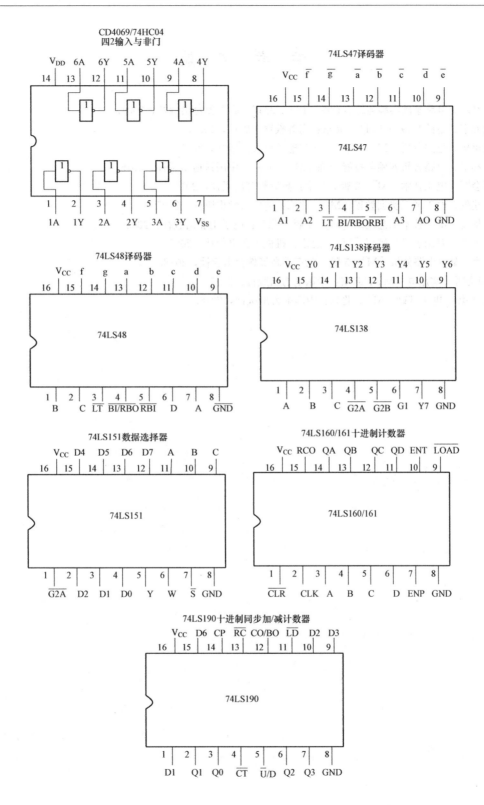

CD4069/74HC04
四2输入与非门

74LS47译码器

74LS48译码器

74LS138译码器

74LS151数据选择器

74LS160/161十进制计数器

74LS190十进制同步加/减计数器

参 考 文 献

[1] 王慧玲. 电路基础实验与综合训练 [M]. 北京：高等教育出版社，2004.

[2] 蔡元宇. 电路与磁路 [M]. 北京：高等教育出版社，1992.

[3] 张永瑞. 电路分析 [M]. 西安：西安电子科大出版社，2005.

[4] 王和平. 电路分析实验与技能训练 [M]. 北京：中国铁道出版社，2016.

[5] 赵会军. 电工技术 [M]. 2 版. 北京：高等教育出版社，2014.

[6] 徐建俊. 电工考工实训教程 [M]. 北京：清华大学出版社，2005.

[7] 孟华贵. 电子技术工艺基础 [M]. 4 版. 北京：电子工业出版社，2005.

[8] 沙占友. 万用表最新妙用 [M]. 北京：机械工业出版社，2005.

[9] 石生. 基本电路分析 [M]. 5 版. 北京：高等教育出版社，2018.

[10] 温会明. 实用电 [M]. 北京：中国电力出版社，2005.

[11] 曹登场. 电工基础 [M]. 北京：中国电力出版社，2016.